新バイオテクノロジーテキストシリーズ

遺伝子工学 [第2版]

NPO法人 日本バイオ技術教育学会 監修

村山 洋・安齋 寛・大須賀 久美子・飯田 泰広・山村 晃 著

講談社

監修の言葉

　この度，新しく「遺伝子工学　第2版」を皆様にお届けできることを大変うれしく思います．

　日本バイオ技術教育学会の仕事は，一言でいえば「遺伝子工学」という技術を皆様に修得していただくことです．

　生物の世界に「工学」という言葉が使用されたのは1990年代以降です．地球上の生物の遺伝子はすべてDNAといわれる生体高分子であり，その働きは次の世代に情報を伝えることです．

　1953年にワトソン博士とクリック博士によりDNAの構造が明らかにされてから，1999年にヒトゲノムの全塩基配列が決定されるまで，DNAを操作する技術が研究されてきましたが，その進歩は大変速いものでした．

　この間のノーベル生理学医学賞の受賞者は，遺伝子工学の技術の開発者が多いことに驚きます．20世紀の科学は，物質の本体を解明した量子力学，生命の秘密を明らかにした遺伝子工学，そして情報科学としてのコンピューターの進歩に支えられています．

　最新の技術を満載した「遺伝子工学」を執筆された諸先生の努力に感謝いたします．

　本書がバイオに興味をお持ちの方々の座右の書となることを期待して，監修の言葉と致します．

2013年9月
NPO法人日本バイオ技術教育学会
理事長　小野寺一清

はじめに

　醸造発酵，農畜産物の品種改良など，祖先の知恵によって発展してきた技術は，まさにバイオテクノロジーである．暮らしの中で生まれたバイオテクノロジーは，遺伝子組換え技術を柱とする遺伝子工学によって大きな発展を遂げ，医療，食品，環境などさまざまな分野で利用されるようになった．

　現代の遺伝子工学は，1968年の制限酵素の発見から始まったともいえるだろう．1972年には，バーグが異種DNAの結合（組換え）に成功した．その後，塩基配列決定法など基本となる技術が数多く開発され，1980年代後半の組換えインスリン製剤の実用化に至る．このように1970～80年代は遺伝子工学の基礎となる遺伝子組換え技術が確立された時代であり，この頃の実験技術とその原理は現代遺伝子工学においても有効な技術として利用されている．

　一方，ヒトゲノム解読が2003年に完結したことを背景として，膨大なDNA配列情報を取り扱う技術開発が遺伝子工学に求められるようになった．次世代シークエンシングなど，従来技術の枠を超えた新しい発想で開発された技術がこれからのバイオテクノロジーの発展を支え，社会に大きく貢献するだろう．このような中で，生命科学と情報科学が融合した生命情報科学が発展し，IT企業が医療分野を中心としてバイオテクノロジー分野に参入するようになった．大げさに言えば，バイオテクノロジーはありとあらゆる分野が取り組む新しい成長期に入ったのである．

　このように大きく進歩しているとはいえ，バイオテクノロジーが，生化学，微生物学，分子生物学など基礎分野と遺伝子工学に支えられていることを忘れてはならない．前・北里大学学長 柴忠義先生が2004年に執筆された本書の初版『バイオテクノロジーテキストシリーズ　遺伝子工学』で取り上げた技術の多くは，今も色あせていない．華々しい最先端の技術に目を奪われる前に，しっかりと基礎を固めることが大切である．しかし，初版の執筆時には生まれていなかった技術の中には，現在広く普及しているものもあり，遺伝子工学のテキストとして新しい技術を書き加える必要に迫られた．初版の意図を生かしながら，全体をわかりやすく構成し直して全面改訂した．本書では原理などをできるだけ記載し理解を深められるよう配慮した．また，技術の応用面にも力を入れた．さらに，実際の現場で必要となる安全管理やバイオ機器に関する内容について新たに章を設けた．

　なお，本書を作成するにあたって，初版を教科書として活用されている大学や専門学校の先生方から多くの貴重なご意見をいただくことができた．ここに厚くお礼申し上げる．また刊行するにあたり，株式会社講談社サイエンティフィクの三浦洋一郎氏をはじめ多くの方々に大変お世話になった．紙面を借りて厚くお礼申し上げる．

2013年9月

村山　洋

目次

監修の言葉 iii
はじめに v

第1章 DNAと遺伝子の基礎　1

1-1 核酸の構造と性質　1
- A　DNA 1
- B　RNA 3
- C　cDNA 4
- D　合成DNAと最適コドン 6

1-2 遺伝子工学に利用する酵素　7
- A　制限酵素 7
- B　核酸合成酵素 8
- C　核酸分解酵素 9
- D　核酸の連結に用いられる酵素 11
- E　DNAを修飾する酵素 12

1-3 遺伝子の構造と性質　12
- A　ゲノムとゲノムサイズ 12
- B　遺伝子としてのDNAと遺伝子でないDNA 12
- C　染色体以外のDNA 18

1-4 遺伝子の発現調節とタンパク質　20
- A　タンパク質−DNA複合体（クロマチンとヌクレオソーム） ... 20
- B　タンパク質の生合成（セントラルドグマ） 23
- C　スニップ（SNP） 24
- D　エピジェネティクス 25

まとめ 27

第2章 遺伝子工学の基礎技術　29

2-1 試薬と溶液　29
- A　汎用される試薬 29
- B　緩衝液 31
- C　有機溶媒 32
- D　その他の試薬 33

2-2 核酸の調製　34
- A　DNAの抽出と精製 35
- B　各種DNA 37
- C　RNAの抽出と精製 40

2-3 核酸の検出と定量　41
- A　核酸の染色（検出） 41

| B | 核酸の定量 | 41 |

2.4 電気泳動　42

A	アガロースゲル電気泳動法	43
B	ポリアクリルアミドゲル電気泳動法	44
C	パルスフィールドゲル電気泳動法（PFGE）	44
D	キャピラリー電気泳動法	45
E	変性剤濃度勾配ゲル電気泳動法	45

2.5 PCRとRT-PCR　45

A	PCR法の原理	46
B	PCRにおける非特異的増幅への対策	47
C	RT-PCR	48
D	定量PCR（Q-PCR）	50
E	in situ PCR	53
F	PCRのプライマー設計	53

2.6 ハイブリダイゼーション　54

A	ハイブリダイゼーションの原理	54
B	ハイブリダイゼーションに影響するパラメータ	55
C	サザンブロットハイブリダイゼーション	56
D	ノーザンブロットハイブリダイゼーション	57
E	in situ ハイブリダイゼーション（ISH）	57
F	蛍光 in situ ハイブリダイゼーション（FISH）	58
G	プラークハイブリダイゼーション，コロニーハイブリダイゼーション	58

2.7 シークエンシング　59

A	ジデオキシ法	60
B	サイクルシークエンシング法	61
C	マキサム・ギルバート法	61
D	次世代シークエンシング	62

2.8 標識プローブ　62

| A | 核酸の標識法 | 62 |
| B | 標識プローブの検出 | 64 |

まとめ　65

第3章　遺伝子組換え実験の基礎　67

3.1 遺伝子組換え実験の概要　67

3.2 宿主とベクター　67

A	複製起点（*ori*：origin of replication）	68
B	選択マーカー	69
C	マルチクローニングサイト（MCS）	75

	D	タンパク質の発現制御 …………………………………………… 76
	E	染色体に遺伝子を挿入するしくみ ……………………………… 78
	F	実際のベクター ……………………………………………………… 81

3.3 微生物への遺伝子導入法　94

	A	コンピテントセル ………………………………………………… 94
	B	バクテリオファージ ……………………………………………… 94
	C	接合伝達 ……………………………………………………………… 95
	D	アグロバクテリウム法 …………………………………………… 96
	E	エレクトロポレーション法 ……………………………………… 96
	F	酵母・糸状菌・担子菌への形質転換 …………………………… 97

3.4 遺伝子ライブラリーとクローニング　97

	A	ゲノムライブラリー ……………………………………………… 97
	B	cDNA ライブラリー ………………………………………………… 98

3.5 バイオインフォマティクス　99

まとめ …………………………………………………………………………………… 100

第4章　遺伝子工学の応用　101

4.1 細胞融合法　101

	A	原理 …………………………………………………………………… 101
	B	融合した細胞の選択 ……………………………………………… 102

4.2 モノクローナル抗体の作製とその応用　104

	A	モノクローナル抗体 ……………………………………………… 104
	B	*in situ* ハイブリダイゼーション ……………………………… 104

4.3 微生物への応用（微生物工学）　106

	A	L-グルタミン酸の産生とアミノ酸産生菌の育種 ……………… 106
	B	インスリンの産生 ………………………………………………… 107

4.4 植物への応用　110

	A	植物細胞への遺伝子導入 ………………………………………… 110
	B	遺伝子工学により生まれた植物 ………………………………… 113

4.5 動物への応用　115

	A	動物細胞への遺伝子導入 ………………………………………… 115
	B	遺伝子導入に用いられるベクターと選択マーカー …………… 118

4.6 発生工学　119

	A	トランスジェニックアニマル 1　ショウジョウバエ ……… 120
	B	トランスジェニックアニマル 2　魚類 ………………………… 121
	C	トランスジェニックアニマル 3　マウス ……………………… 122

4.7 遺伝子発現の評価　125

A	遺伝子発現の分析	125
B	遺伝子発現の研究	126
C	蛍光タンパク質の応用	128

まとめ …………………………………………………………… 129

第5章 実験の安全性　131

5.1 遺伝子組換え実験の安全性　131
- A 関係法規 …………………………………………………… 132
- B 法令で使用される用語 …………………………………… 134

5.2 バイオハザード　134
- A 安全キャビネット ………………………………………… 135
- B 滅菌・消毒法 ……………………………………………… 137
- C 化学物質の危険性 ………………………………………… 139
- D 放射性同位元素 …………………………………………… 140
- E 安全性試験 ………………………………………………… 141

5.3 環境問題　141
- A 生態系 ……………………………………………………… 141
- B 地球環境問題 ……………………………………………… 143

まとめ …………………………………………………………… 146

第6章 バイオ機器　149

6.1 分析機器　149
- A 分光分析法 ………………………………………………… 149
- B クロマトグラフ法 ………………………………………… 151
- C 電気泳動法 ………………………………………………… 155

6.2 バイオテクノロジー実験機器　156
- A 滅菌関連機器 ……………………………………………… 156
- B 遺伝子関連実験機器 ……………………………………… 156
- C 細胞関連実験機器 ………………………………………… 157

6.3 汎用機器　158
- A pHメーター ……………………………………………… 158
- B 電子天秤 …………………………………………………… 158
- C 遠心機 ……………………………………………………… 158
- D 顕微鏡 ……………………………………………………… 159
- E クリーンベンチ …………………………………………… 160

まとめ …………………………………………………………… 161

索引 ………………………………………………………………… 163

第1章 DNAと遺伝子の基礎

1-1 核酸の構造と性質

A DNA

デオキシリボ核酸（DNA）はアデニン（A），グアニン（G），シトシン（C），チミン（T）の4種類の塩基と糖（デオキシリボース）とリン酸で構成されている（図1.1A）．

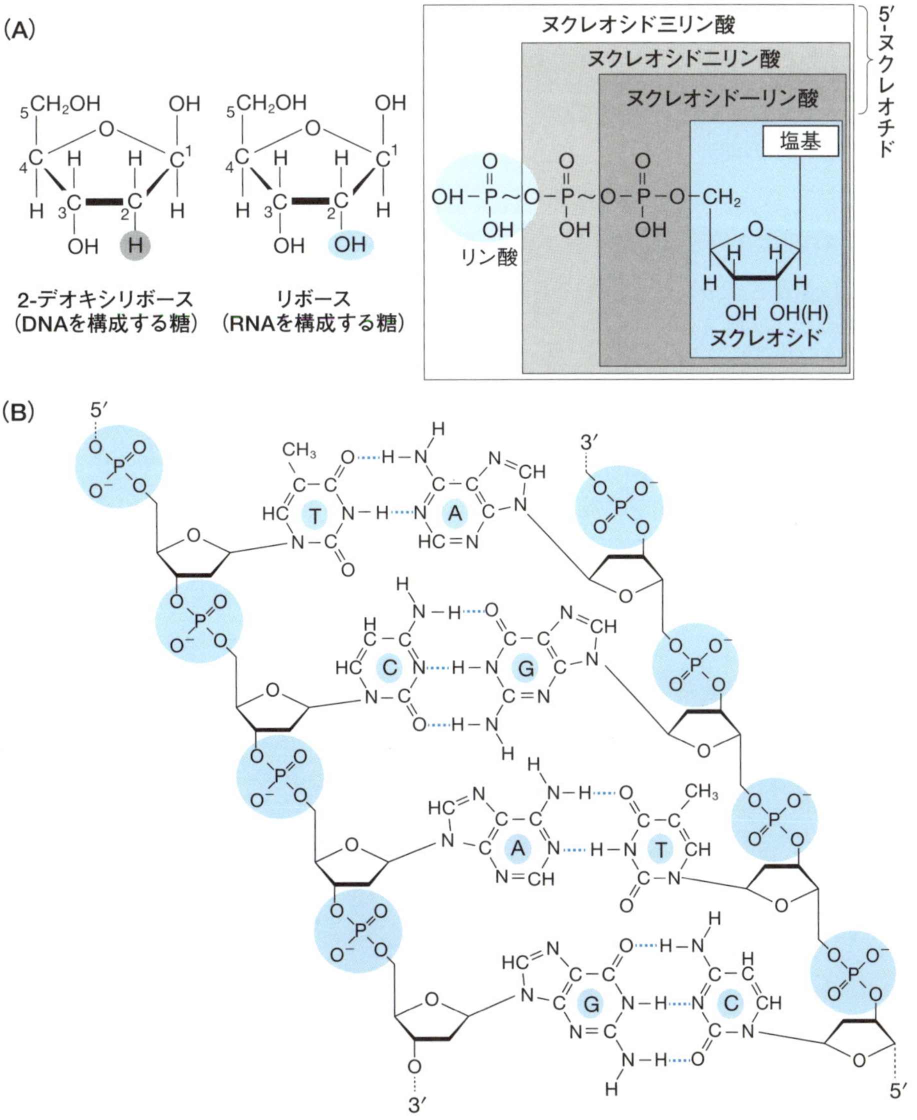

図1.1 （A）糖と核酸の基本構造，（B）DNAの二本鎖

デオキシリボースの1位の炭素に塩基が N-グリコシド結合で結合し，リン酸は5位の炭素と3位の炭素の水酸基とエステル結合している．DNAに含まれる塩基は，生物の種類や部位，年齢にかかわらず，アデニン（A）とチミン（T），グアニン（G）とシトシン（C）が同じ比率で含まれ，AとTは2本の水素結合，GとCは3本の水素結合で結びつくことができる（図1.1B）．

デオキシリボースの5位（5′）と3位（3′）に結合したリン酸を介して交互に結合したポリマーに塩基の側鎖のついたDNA鎖（一本鎖DNA）は，AとT，GとCが水素結合した状態で組み合わされ二本鎖DNAとなる（図1.1B）．

ワトソン（J. D. Watson）とクリック（F. H. C. Click）の研究により，二本鎖DNAはらせん状の構造（二重らせん）となっていることが明らかにされたが，二重らせんを構成する2本のDNA鎖は，その向きが逆になっており，5′→3′の鎖と3′→5′の鎖が一組になっている．これは，5′→3′の鎖が2本，逆平行で組み合わさることによって形成されるが，それぞれのDNA鎖を5′→3′方向に並べても，回文配列*（パリンドローム）の部分を除き（p.7参照）塩基の配列順序は同じではない．逆平行で組み合わせたときに，AとT，GとCが水素結合するようになっており，このような組み合わせを相補的な配列という．

塩基間を結びつけている水素結合は，水の分子が凍るときに形成される水素結合と原理的には同じであり，氷を過熱すると融解して液体の水になるように，DNAの二本鎖も溶液中で加熱することにより水素結合が切断され，一本鎖のDNAに分離する．これをDNAの変性という（図1.2）が，一組の二本鎖DNA鎖の分子内ではG–Cの組み合わせが占める割合が高い部分ほど変性しにくく，A–Tの配列が連続している部分はほどけやすい．50%変性する温度をDNAの融点（T_m値）といい，3つの水素結合を形成するG–Cの含量が多いDNAほど，2つの水素結合を形成するA–Tの含量が多いDNAよりも高いT_m値を示す．

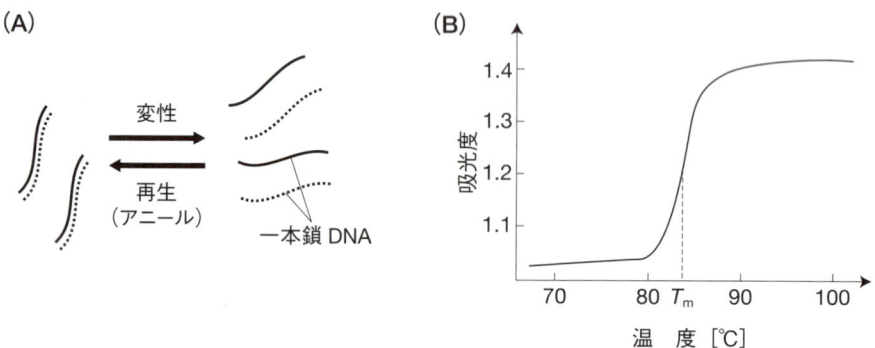

図1.2 （A）DNAの変性と再生，（B）DNAの変性曲線
（A）二本鎖DNAは熱などにより水素結合が壊れて，一本鎖DNAになる．
（B）二本鎖DNAは変性に伴い吸光度が増加する．二本鎖DNAの融解温度はT_mで表す．

用語　*回文配列…二本鎖DNAの塩基配列で，どちらの鎖もある方向に読むとまったく同じ塩基配列になるもの．

この塩基間の結合は，pH9.2以上のアルカリ性になると，グアニンとチミンがイオン化して水素結合ができなくなることにより壊れ，一本鎖DNAに変性する．

二本鎖DNAの構造の変性に関与するのは，水素結合だけではない．リン酸基は二本鎖DNAの外側に位置し，マイナスの電荷をもち相互に反発するため，DNAにらせん構造をとらせる原因になり，二本鎖構造を不安定化させる．この反発力は溶液中の塩濃度（イオン強度）を上げることや塩基性物質を加えることにより弱められ，DNAは変性しにくくなる．また，二本鎖DNAの内側にある塩基対はらせん階段の踏み板のように積層され，疎水性相互作用で結びついているが，溶媒の極性を下げるようなホルムアミドやホルムアルデヒドを添加することにより疎水性相互作用が弱くなり，変性しやすくなる．

B RNA

リボ核酸（RNA）はアデニン（A），グアニン（G），シトシン（C），ウラシル（U）の4種類の塩基と糖（リボース）とリン酸で構成されている．

RNAの塩基と糖とリン酸の結合順序はDNAと同じであるが，DNAと異なり，ほとんどが一本鎖として存在している．一本鎖の分子内で塩基の相補的な結合をつくり，ヘアピン構造やステム・ループ構造を組み合わせた複雑な高次構造を形成することができる（図1.3）．

RNAの化学的性質はDNAより不安定であり，アルカリ性ではヌクレオシド間をエステル結合しているリン酸がリボースの2位にある水酸基の酸素から求核攻撃を受けて切断さ

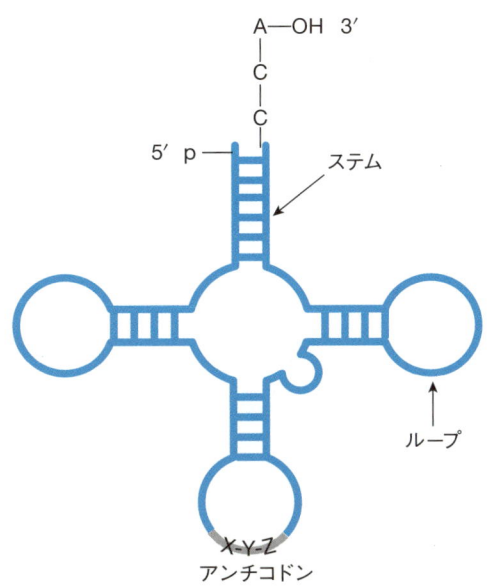

図1.3 tRNAのクローバー葉二次構造の模式図
ステム間で生じる水素結合を点で示し，アンチコドンの三連塩基と3'末端のCCAを表示．

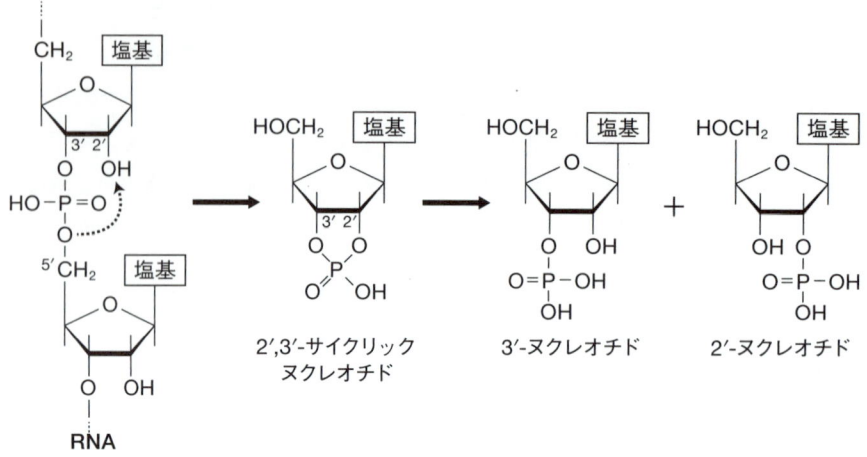

図1.4 RNA のアルカリ分解
3′-ヌクレオチドと 2′-ヌクレオチドが 1:1 の割合で生じる.

れ,すみやかに分解される（図 1.4）.このため,高次構造を形成した RNA を分解することなく変性するためにはアルカリ性ではなく,ホルムアミドやホルムアルデヒドを使用する必要がある.

C　cDNA

ゲノム DNA の遺伝情報は細胞内において mRNA に転写され,リボソーム上で翻訳され

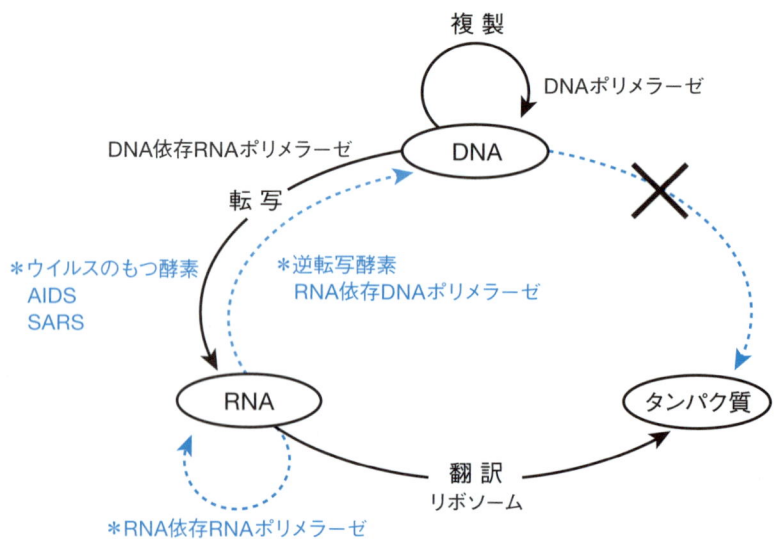

図1.5 分子生物学のセントラルドグマ
DNA の配列が直接タンパク質に翻訳されることはない.

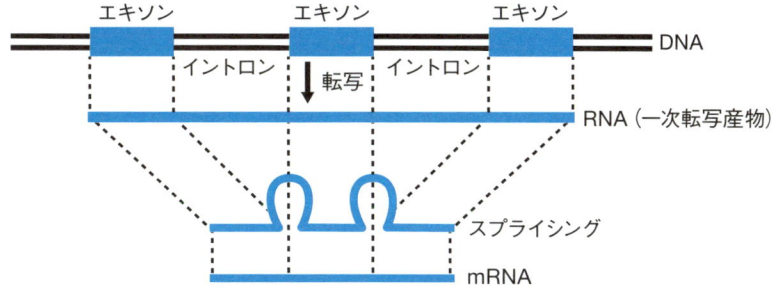

図1.6 スプライシング
一次転写産物からイントロン部分を除去し，残ったエキソンの端と端を連結する過程をスプライシングという．

てタンパク質が生合成される．この過程は分子生物学のセントラルドグマとよばれ，遺伝情報の流れは逆流しないとされている（図 1.5）．

　真核生物の場合，DNA上にあるタンパク質の遺伝情報は意味のあるエキソンと意味のないイントロンに分断されており，スプライシングの過程を経てイントロンを取り除いた成熟した mRNA でなければ，タンパク質の生合成の設計図にはならない（図 1.6）．

　そこで真核生物のタンパク質を大腸菌のような原核生物に組み込んで合成させるためには，成熟した mRNA から DNA を合成する方法が用いられる．このときに使用されるのが，

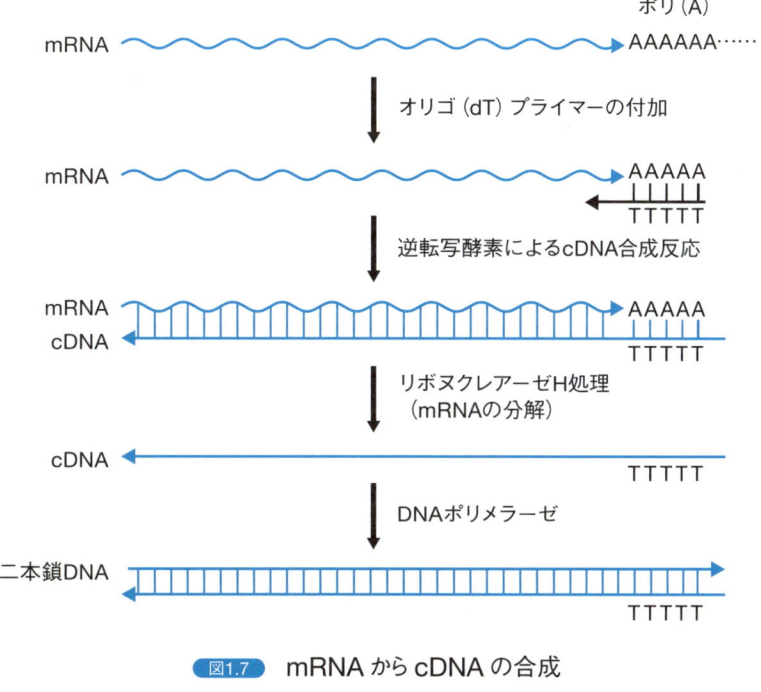

図1.7 mRNA から cDNA の合成

1-1 核酸の構造と性質 ● 5

レトロウイルスのもつ逆転写酵素である．逆転写酵素は本来，レトロウイルスが遺伝子としてもつ RNA を感染した細胞に注入し，RNA を鋳型として DNA を合成する機能をもち，RNA から DNA に情報が逆流するセントラルドグマの例外である．これを利用して，試験管内で，RNA を設計図に相補的な DNA（complementaryDNA：cDNA）を合成することができる（図 1.7）．

D 合成 DNA と最適コドン

DNA シンセサイザーを用いて化学的に DNA を合成できるようになったが，その際に注意しなければならないのは，合成遺伝子を導入する宿主細胞の適合コドンを考慮して合成することである．標準遺伝暗号表にあるすべてのコドンが均等に使用されているわけではなく，1 種類のアミノ酸に対応して複数のコドンが存在する場合，生物種により好んで使用するコドン（適合コドン）があり，これを「コドン使用の方言」という（表 1.1）．

大量にタンパク質を生産する遺伝子ほどこの「方言」がきついため，組換え体にタンパク質を合成させる際には，アミノ酸配列が同じになるような適合コドンを選択して DNA の塩基配列を設計する必要がある．

表1.1　大腸菌と酵母のコドン使用頻度の比較

アミノ酸	コドン	大腸菌遺伝子					酵母遺伝子				
		A	B	C	D	E	A	B	C	D	E
アルギニン	CGU	41	12	35	24	21	0	2	3	0	7
	CGC	5	1	57	23	21	0	0	1	0	3
	CGA	0	0	4	6	4	0	0	0	0	3
	CGG	0	0	3	12	6	0	0	0	0	2
	AGA	0	0	2	0	3	22	26	22	5	21
	AGG	0	0	1	2	2	0	0	2	1	9
ロイシン	UUT	0	1	24	14	14	0	5	15	3	26
	UUG	0	0	27	23	13	41	73	24	8	27
	CUU	2	1	17	10	11	0	0	4	1	12
	CUC	1	1	22	18	11	0	0	4	0	5
	CUA	0	0	10	3	4	1	0	11	1	13
	CUG	53	24	107	55	52	0	0	4	0	10

（参考：国立遺伝学研究所 HP，http://www.nig.ac.jp/museum/evolution/kodon-11.html）

1-2 遺伝子工学に利用する酵素

遺伝子工学では，DNA や RNA を切る，つなぐ，合成する，修飾する酵素が使用される．

A 制限酵素

制限酵素（restriction enzyme）は，本来，バクテリオファージの侵入を受けた細菌が，ファージの DNA を分解してファージの増殖を制限するために使用するエンドヌクレアーゼである．Ⅰ型，Ⅱ型，Ⅲ型の 3 種類があり，このうち，Ⅰ型とⅢ型は，DNA の認識部位と切断部位が離れ DNA をメチル化することから遺伝子工学には使用することができず，主にⅡ型の制限酵素が使用される．

Ⅱ型の制限酵素は DNA 配列の特異的な部分，すなわち，4 塩基から 8 塩基が回文配列（パリンドローム）になっている部分を認識し切断する（図 1.8）．

切断部位は制限酵素の種類により異なるが，回文配列の真ん中で切断して平滑末端を形成するタイプと（図 1.8C），5′末端または 3′末端側から 1 塩基から 2 塩基を認識して切断し，二本鎖 DNA の一方が突出した末端（粘着末端）を形成するタイプがある（図 1.8A, B）．

粘着末端をもつ DNA は，同じ制限酵素で切断された他の DNA と粘着末端を用いて連結することができるため，制限酵素は遺伝子工学の研究で組換え DNA をつくるうえで欠かせない道具となっている．

また，1 種類の遺伝子 DNA を特定の制限酵素で切断した場合，切断される場所は決まっているため，遺伝子上で各種の制限酵素で切断される場所を特定する制限酵素地図を作成することにより，目的の DNA 断片を切り出すことができる．

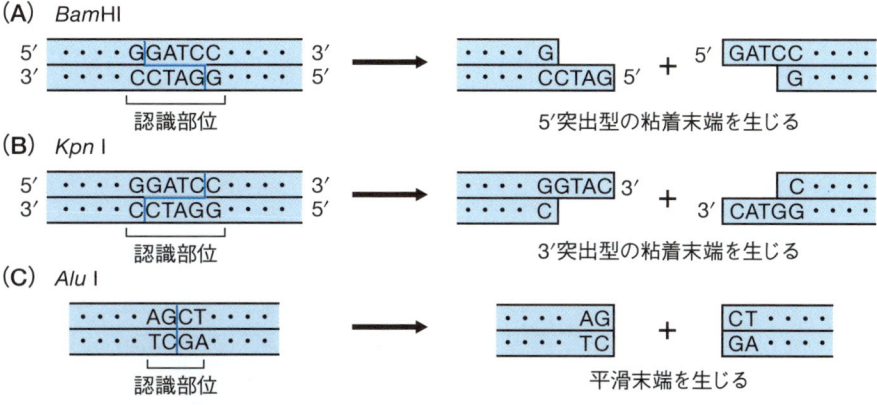

図1.8　制限酵素分解によって生じる DNA 末端の形状
いずれの場合も末端は 5′-P，3′-OH となる．

B 核酸合成酵素

DNAを合成する酵素にはDNA依存DNAポリメラーゼとRNA依存DNAポリメラーゼがあり，RNAを合成する酵素にはDNA依存RNAポリメラーゼとRNA依存RNAポリメラーゼがある．DNA依存DNAポリメラーゼはDNAを遺伝子としてもつすべての生物がもっており，DNAを鋳型として，その複製に用いられる．また，DNA依存RNAポリメラーゼはDNAを鋳型としてRNAを合成し，DNAのもつ遺伝情報をRNAに転写する機能をもつ．これらの酵素は，いわゆる分子生物学のセントラルドグマで遺伝情報の複製と転写にかかわる重要な酵素である（図1.5参照）．

大腸菌のDNAポリメラーゼ I は，$5'→3'$エキソヌクレアーゼ活性と$3'→5'$エキソヌクレアーゼ活性を併せもっていて，このうちの$5'→3'$エキソヌクレアーゼ活性部位をタンパク質分解酵素ズブチリシンで取り除いたKlenowフラグメントは，一本鎖DNAから二本鎖DNAの複製に用いられる（$5'→3'$エキソヌクレアーゼ活性や$3'→5'$エキソヌクレアーゼ活性については，p.9 核酸分解酵素を参照）（図1.9）．

PCR法（p.45参照）やジデオキシ法（p.60参照）によるDNAの塩基配列の解析では，当初はKlenowフラグメントが用いられたが，DNAを熱変性させる際に失活してしまうため，現在のサーマルサイクラーを用いたPCR法では高温耐性のDNAポリメラーゼが用いられる．*Thermus aquaticus* は最適生育温度が72℃の好熱菌で，そのDNAポリメラーゼ（*Taq*ポリメラーゼ）は72℃で高い活性を示し，90℃でも活性を失わないため，PCR法で汎用されている．*Taq*ポリメラーゼは$3'→5'$エキソヌクレアーゼ活性をもたないため，複製の正確さを高めるために，超高熱菌に由来し，より高温耐性で，$3'→5'$エキソヌクレアーゼ活性をもつDNAポリメラーゼも使用されている．

RNA依存DNAポリメラーゼとRNA依存RNAポリメラーゼはRNAを遺伝子としてもつウイルスの酵素で，いずれもセントラルドグマから逸脱するが，RNA依存DNAポリメラーゼは逆転写酵素としてmRNAからcDNAを調製するのに用いられ（p.4参照），遺伝子工学において重要なツールである．

核酸合成酵素には，鋳型としてDNAやRNAを必要としない酵素も存在する．

ターミナルデオキシリボヌクレオチジルトランスフェラーゼ（TdT）は免疫細胞で免疫

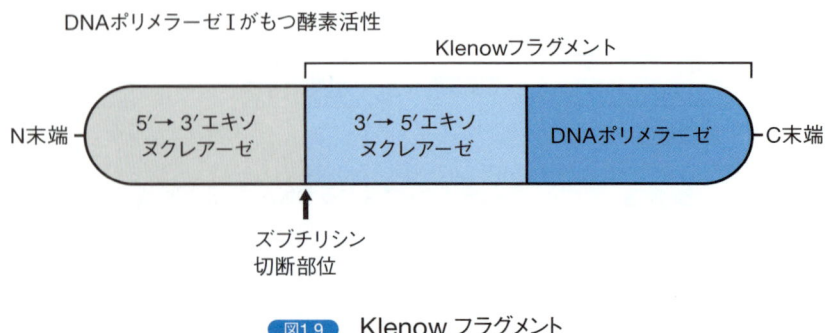

図1.9　Klenowフラグメント

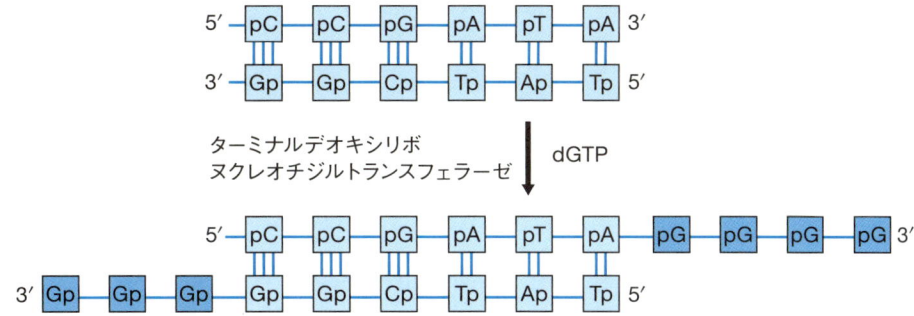

図1.10 ターミナルデオキシリボヌクレオチジルトランスフェラーゼ（TdT）

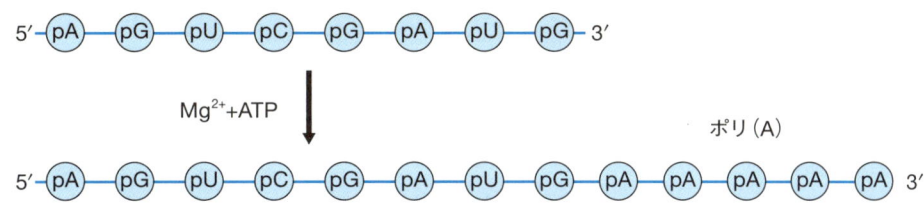

図1.11 ポリ(A)ポリメラーゼ
RNA の 3′ 末端にアデニンを付加する．3′ 末端にポリ(A) をもたない RNA に付加し，オリゴ(dT) をプライマーにして cDNA を合成するのに用いる．
○：リボヌクレオチド，□：デオキシリボヌクレオチド

グロブリンや T 細胞レセプター遺伝子の多様性を増大させる役割をもつが，一本鎖や二本鎖 DNA の 3′ 末端の水酸基に任意のホモポリマーを付加するために用いられる（図1.10）．

ポリ(A)ポリメラーゼは，真核細胞において mRNA の 3′ 末端に ATP を用いてポリ(A)テイルを付加する機能をもち，cDNA 合成の際に鋳型になる RNA の 3′ 末端にポリ(A) を付加し，プライマーのオリゴ(dT) を結合させるのに用いられる（図1.11）．

C 核酸分解酵素

DNA を分解するデオキシリボヌクレアーゼ（DNase）は DNA のホスホジエステル結合を切断する酵素で，末端から分解するエキソヌクレアーゼと内部から分解するエンドヌクレアーゼに分類される．このうち，エンドヌクレアーゼには特定の塩基配列を認識して切断する制限酵素が含まれ汎用されているが，特異性の低い DNase（DNase I など）もノーザンブロッティングなどで反応系から DNA を取り除くときや，ニックトランスレーションで，低濃度で二本鎖 DNA に切れ目（ニック）を入れるために用いられる．

エキソヌクレアーゼには，二本鎖 DNA を 5′ 末端と 3′ 末端両方から切断する Bal31 ヌクレアーゼや，5′ から切り取っていく λ エキソヌクレアーゼ，3′ 末端から切り取っていくエ

キソヌクレアーゼⅢがある．また，大腸菌のDNAポリメラーゼⅠは，DNA複製時にラギング鎖に結合したRNAプライマーを除くための5′→3′エキソヌクレアーゼ活性と複製の誤り（塩基のミスマッチ）を修復するために，3′→5′エキソヌクレアーゼ活性をもっている．5′→3′エキソヌクレアーゼ活性部位をタンパク質分解酵素ズブチリシンで取り除いたKlenowフラグメントや，T4ファージに感染した大腸菌の生産する5′→3′エキソヌクレアーゼ活性をもたない T4DNAポリメラーゼ は，DNA複製の基質になる dNTP がない状態ではDNAを3′末端から5′末端へ向けて切除する機能をもち，制限酵素処理などでDNAの3′末端側に露出した一本鎖DNAを切除し，DNA末端を平滑にするために用いられる．

また，大腸菌DNAポリメラーゼⅠのもつ5′→3′エキソヌクレアーゼ活性は，二本鎖DNAに入っている切れ目（ニック）から先のDNAを分解する．その後，鋳型鎖に沿ってDNAポリメラーゼを用い標識したdNTPを取り込ませることにより，DNA鎖を標識するニックトランスレーション標識法に用いられる．

RNAを分解する RNase にはRNA鎖の内部から分解するエンド型と末端から分解するエキソ型があり，エンド型RNaseには，一本鎖RNAを分解するRNaseAや，DNA複製のラギング鎖につくられるRNAプライマーを除去するものがある．RNaseAは，細胞からDNAを抽出精製する際にRNAを分解するために用いられる．また，RNaseHは，cDNAを合成するときに鋳型となったRNA鎖と逆転写酵素により合成されたDNA鎖のハイブ

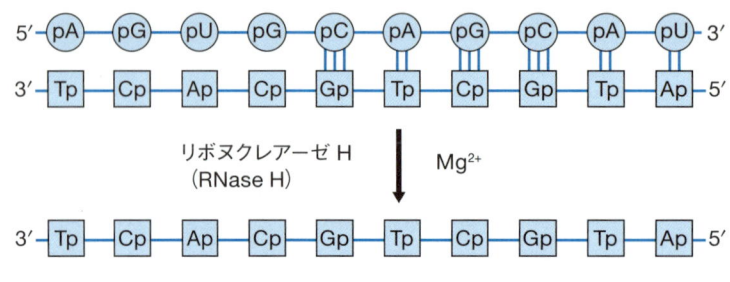

図1.12　リボヌクレアーゼH（RNase H）

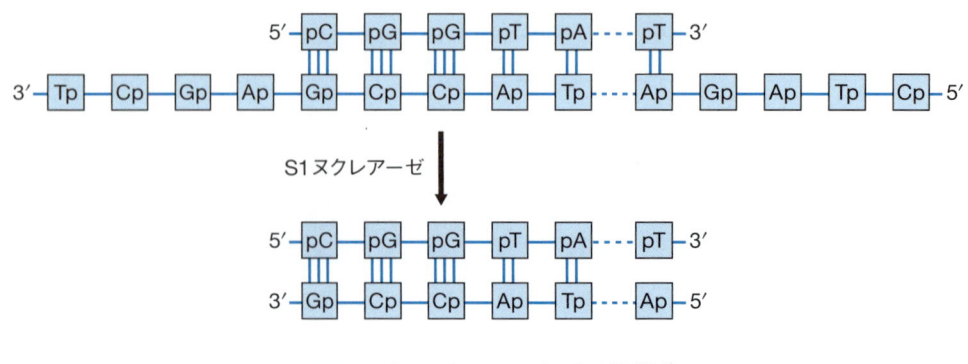

図1.13　S1ヌクレアーゼによる平滑化

リッドからRNAを除去するために用いられる（図1.12）.

この他，転写開始点を調べるために用いられるS1マッピング法などに使用されるS1ヌクレアーゼは，二本鎖DNAや二本鎖RNA，DNA・RNAハイブリッド鎖には作用せず一本鎖のDNAやRNAを特異的に分解するため，二本鎖の末端に突出した一本鎖部分やループの部分を除去するのに用いられる（図1.13）.

D 核酸の連結に用いられる酵素

DNAリガーゼは，二本鎖DNAの複製時に，ラギング鎖にできた岡崎フラグメント間のニックを連結する酵素で，3′末端の水酸基と5′末端のリン酸基との間にリン酸ジエステル結合を形成して連結する．大腸菌のDNAリガーゼは同じ制限酵素で切られた粘着末端をもつDNA断片どうしを結合させるが，組換えDNAをつくるために汎用されるT4DNAリガーゼは，同じ制限酵素で切られた粘着末端をもつDNA断片どうしを結合させるだけでなく，平滑末端のDNA断片を結合させることができる（図1.14）.

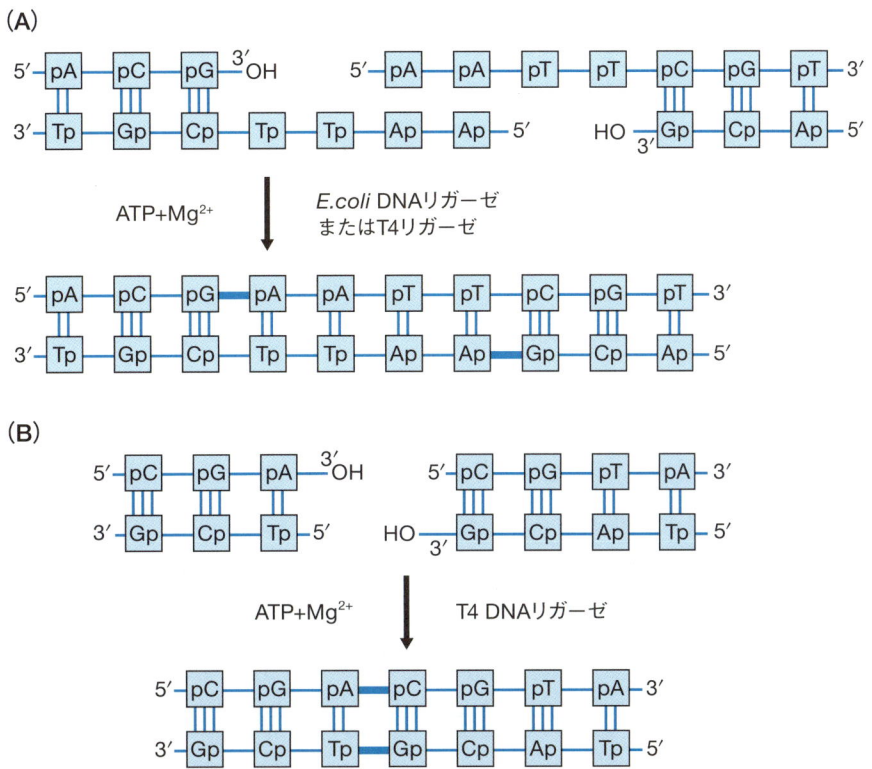

図1.14 （A）付着末端をもつDNAどうしを結合する酵素DNA，（B）平滑末端をもつDNAの結合
（B）では，5′末端にリン酸，3′末端に水酸基がついていることが必要である．

E　DNAを修飾する酵素

アルカリホスファターゼはポリヌクレオチドの 5′ 末端のリン酸を除去することにより，ライゲーション反応でのセルフライゲーションを防止するために用いられる（図 1.15）．これに対し，T4 ポリヌクレオチドキナーゼは，アルカリホスファターゼでリン酸を除去されたポリヌクレオチドの 5′ 末端を再リン酸化するのに用いられる．

DNA メチルトランスフェラーゼは，DNA 上の塩基をメチル化する酵素であり，シトシンやアデニンなど DNA 上の部位特異的メチルトランスフェラーゼによる修飾は，制限酵素による分解を防止するために用いられる．

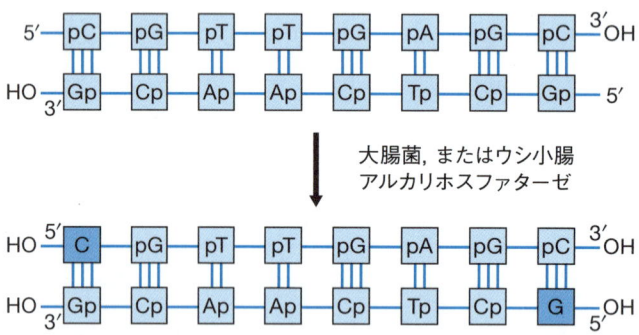

図1.15　アルカリホスファターゼによる脱リン酸化

1.3　遺伝子の構造と性質

A　ゲノムとゲノムサイズ

ゲノム（genome）とは，遺伝子（gene）と染色体（chromosome）からの造語であり，ある生物のもつすべての遺伝情報を指している．真核生物，原核生物，細胞内小器官，ウイルスなど，もっている遺伝子セットの DNA サイズ（ゲノムサイズ）は必ずしも生物の大きさや機能の複雑さとは関係がない（表 1.2）．

宿主の細胞に感染して，そのタンパク質合成系を利用するウイルスや細胞内小器官のゲノムサイズは小さく 10^3〜10^5 bp ほどで，古細菌や真性細菌で 10^5〜10^7 bp，真核生物で 10^7〜10^{11} bp である．

B　遺伝子としての DNA と遺伝子でない DNA

遺伝情報は DNA 上に保存されているが，DNA と遺伝子は等価ではない．

DNA には，遺伝情報を含み RNA に転写されるコード領域と，転写されない非コード領域が存在する（図 1.16）．

表1.2　ウイルス，ミトコンドリア，原核生物，真核生物のゲノムサイズの比較

		ゲノムサイズ（kbpまたはkb）	特徴
ウイルス	タバコモザイクウイルス ヒト免疫不全ウイルス（HIV） インフルエンザウイルス	6 9 14	一本鎖RNA
ウイルス	B型肝炎ウイルス アデノウイルス	3 36	二本鎖DNA
ミトコンドリア	マラリア原虫 ヒト 酵母 シロイヌナズナ	6 17 75 367	二本鎖DNA
原核生物	マイコプラズマ 大腸菌	580 4,670	二本鎖DNA
真核生物	酵母 線虫 ショウジョウバエ ヒト イネ トウモロコシ コムギ	12,070 100,000 180,000 3,000,000 420,000 2,500,000 16,000,000	二本鎖DNA

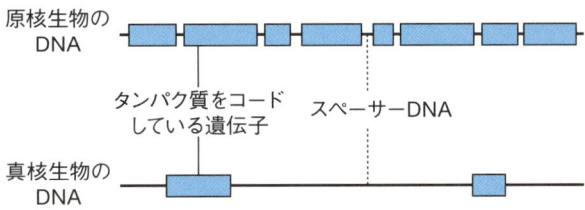

図1.16　原核生物のDNAと真核生物のDNA
真核生物のゲノムでは，遺伝子でないDNAの占める割合が多い．

　コード領域には，タンパク質の情報をコードする塩基配列のほか，rRNAやtRNAなどの機能をもつRNAに転写される配列，そしてイントロンなど機能をもたないRNAに転写される配列が含まれる（表1.3）．

　非コード領域は，同じ塩基配列がくり返し出現する反復DNA領域と，コード領域や反復DNA領域を接続するスペーサーDNA領域に分けられる．

　反復DNA領域には単純配列DNA（サテライトDNA）と散在性反復配列（可動性DNA因子）がある．

　サテライトDNAには反復単位の塩基対数が1～13 bpのマイクロサテライトと14～100 bpのミニサテライトがあり，これらのくり返し配列は生物の個体ごとに特徴があるため，個体識別に用いられている．より長いサテライトDNAは真核生物の細胞分裂に重要な役

表1.3 真核生物の核DNAの分類

分類	ヒトゲノム上での割合(%)
タンパク質コード遺伝子	55
rRNA,tRNA関連遺伝子	0.4
反復配列DNA	
単純配列DNA	6
DNAトランスポゾン	3
LTRレトロトランスポゾン	8
LINE	21
SINE	13
偽遺伝子	0.4
スペーサーDNA	25

（出典：International Human Genome Sequencing Consortium）

割をはたすセントロメアとテロメアである．セントロメアは，真核細胞の分裂の際に染色体に紡錘糸が結合する動原体を形成する役割がある（図1.17）．

　DNAが複製される際にラギング鎖の末端が完全に複製されず短くなる現象が細胞分裂の度にくり返される．テロメアは染色体DNAの末端に存在し，細胞分裂がくり返されるたびに短くなり，一定以上短くなるとついには細胞分裂ができなくなる．これを防ぐために，短くなったテロメアを延長するテロメラーゼが存在する．テロメラーゼはテロメアの反復配列の鋳型になるRNAを内在し，逆転写酵素と類似した機構でテロメアを伸ばすことが

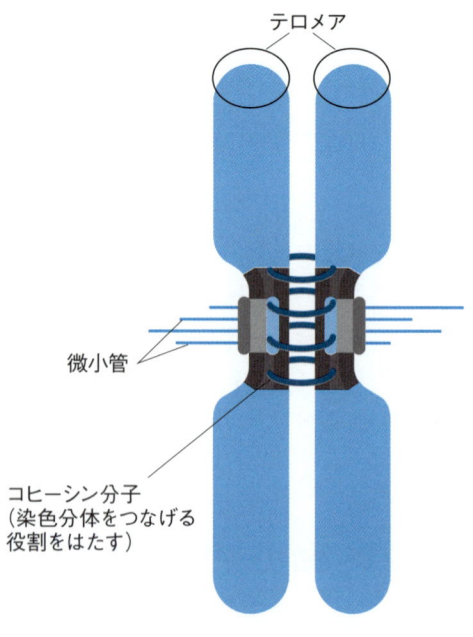

図1.17 セントロメアとその周辺の構造

できる．テロメラーゼは制限なく増殖するがん細胞で高く発現していることから，これを抑える研究が進められている（図 1.18）．

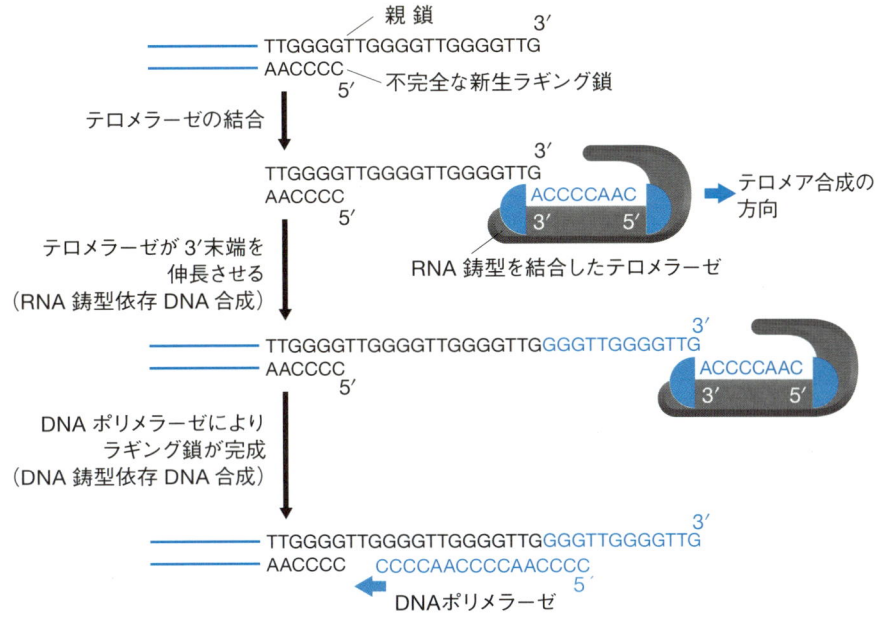

図 1.18 テロメアの複製過程
（出典：細胞の分子生物学　第 5 版, p.293, 図 5-41）

散在性反復配列は動く遺伝子ともいわれ，その塩基配列の中に自身を増幅させてゲノム DNA 内で転移増殖する機能をもち，他の遺伝子の発現に影響を与える．

遺伝子が動く機構には複数あり，DNA が直接転移する DNA トランスポゾンと，DNA から転写された RNA から逆転写で生成した DNA が転移（転位ともいう）するレトロトランスポゾンがある（図 1.19）．

DNA トランスポゾンは転移を引き起こすトランスポゼース（転移酵素）をコードしている配列の両端に逆方向反復配列をもち，発現したトランスポゼースは，逆方向反復配列を認識して DNA トランスポゾンを切り出し，ゲノムの別な位置に挿入する（図 1.20）．

この転移がゲノム DNA の複製中に起こることにより，DNA トランスポゾンはゲノム DNA 内でコピー数を増加させることができる．

レトロトランスポゾンのうち，LTR レトロトランスポゾンは，遺伝物質として RNA をもつレトロウイルスが宿主細胞のゲノム DNA に取り込まれ感染性を失ったとものと考えられている．レトロウイルスと同じ逆転写酵素や宿主細胞のゲノム DNA に侵入するためのインテグラーゼをコードする領域が長鎖末端反復配列（LTR）に挟み込まれた構造をしていて，宿主の転写，翻訳システムにより核外で増幅した後，二本鎖 DNA の形で核内に

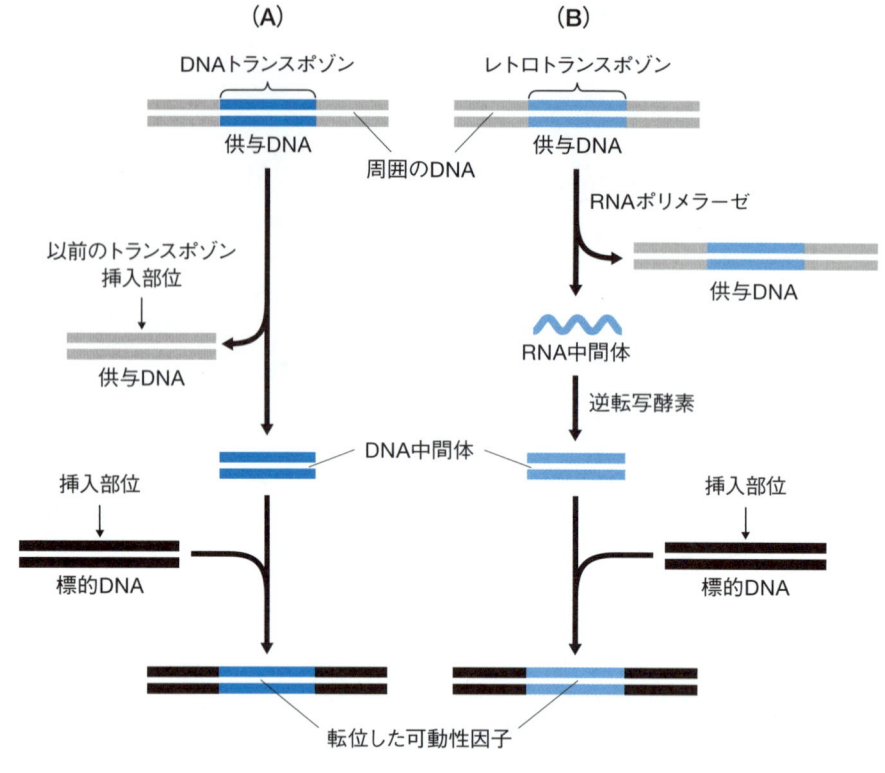

図1.19 トランスポゾンとレトロトランスポゾン

戻ってゲノムDNAの別の場所に挿入されて転移する．LTRレトロトランスポゾンはコード領域に外皮タンパク質の情報をもたないため，ウイルスとして宿主から飛び出して他の細胞に感染することはできないが，宿主細胞の転写翻訳システムを利用し，ゲノム内で転移増殖することができる（図1.21）．

LTRをもたないレトロトランスポゾンには長鎖散在因子（LINE）と短鎖散在因子（SINE）があり，LINE（図1.22）逆転写酵素とエンドヌクレアーゼをコードする領域をもち，宿主の転写翻訳機構でつくられた逆転写酵素とエンドヌクレアーゼは，そのmRNAでもあるLINEの配列を転写したRNAと結合して核内に戻り，ゲノムDNA上に切れ目を入れ，ゲノムDNAをプライマーとして逆転写され挿入される．SINEはタンパク質をコードする情報をもたず，LINEのもつ転移機構を利用してある特定の短い塩基配列が増殖したと考えられている．この他の散在性反復配列として，宿主細胞の細胞質にあるmRNAやtRNA，snRNAがLINEの機構により核内のDNAに転移した偽遺伝子も存在する．

これらの反復配列は大量にコピーされてゲノムDNAを増大させているが，遺伝子を変異させることにより，生物の進化に大きな影響を与えていると考えられている．

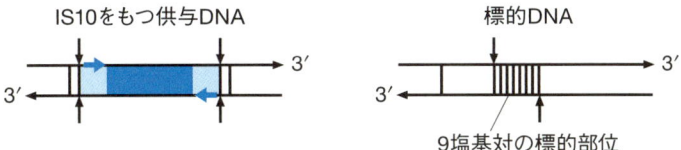

① トランスポゼースは供与DNAに平滑末端を，標的DNAに付着末端をつくる

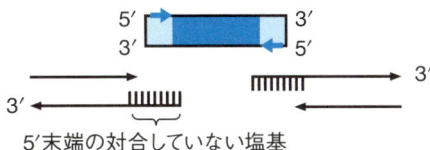

5′末端の対合していない塩基

② トランスポゼースはIS10を標的DNAの一本鎖5′末端につなぐ

③ 細胞のDNAポリメラーゼが3′切断末端を伸ばし，リガーゼが伸ばされた3′末端をIS10の5′末端とつなぐ

9塩基対の標的部位の直接反復配列

図1.20 IS 因子の非複製型転移
トランスポゼースにより切り出された IS 因子が別の場所に結合して転移する過程．

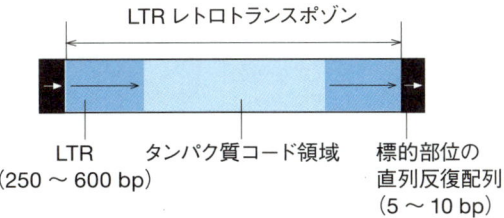

図1.21 LTR レトロトランスポゾンの基本構造

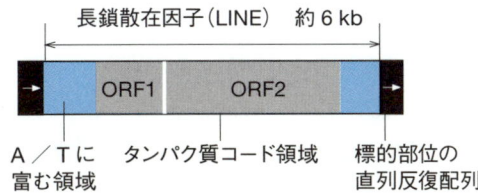

図1.22 LINE の基本構造

C 染色体以外のDNA

真核生物の細胞内小器官として存在するミトコンドリアと葉緑体は，ともに細胞内でのエネルギー生産に重要な役割をはたしている．

酸化的リン酸化によりATPを生産する能力をもった細菌や光合成細菌が，真核細胞の祖先となる核をもつ細胞に取り込まれてミトコンドリアや葉緑体になったと考えられ，その証拠としてミトコンドリアや葉緑体は独自の遺伝子を保持している（図1.23）．ミトコンドリアDNA（mtDNA）と葉緑体DNA（cpDNA）には細胞小器官特有のタンパク質を生合成するのに必要なrRNAやtRNAなどの遺伝子のセットがあり，リボソームの大きさや，特定の抗生物質（クロラムフェニコール）によりタンパク質合成が阻害される点で細菌のリボソームによく似ている．しかし，共生後の進化の過程で，宿主細胞の核遺伝子と重複した遺伝子が失われたり，核に移行してゲノムサイズは細菌よりも小さくなっている．

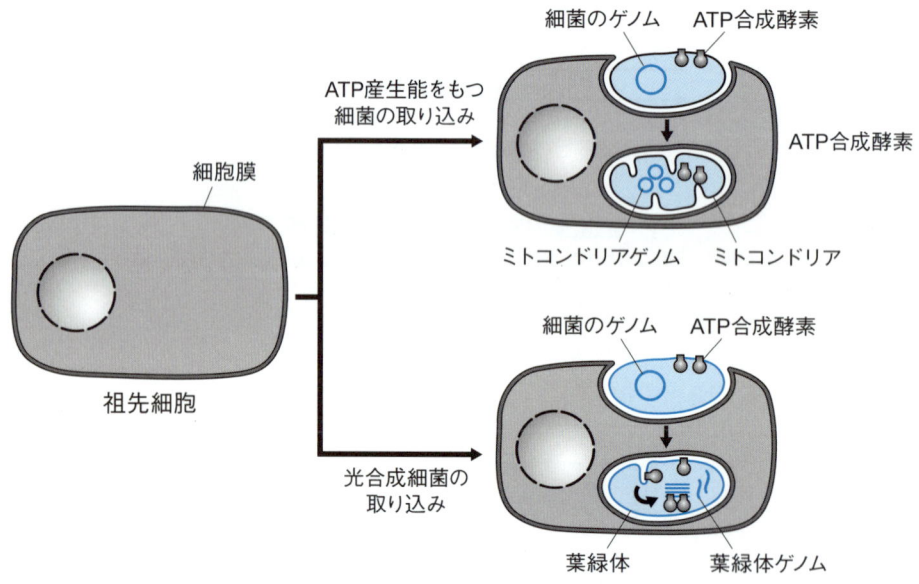

図1.23　ミトコンドリアおよび葉緑体の共生説

mtDNAは細菌と同じ環状構造をしており，その最大の特徴は，動物や酵母のような菌類のmtDNAでは使用される遺伝暗号が標準遺伝暗号とは一部異なることである（表1.4）．この特殊な遺伝暗号は生物種によっても異なり，進化の過程でつくり出されたと考えられている．植物のmtDNAは動物のmtDNAよりも大きく，標準遺伝暗号を使っている．

これに対し，cpDNAはmtDNAよりも大きく，環状や線状など多様な形体をとり，タンパク質合成系のほかに，アミノ酸や脂肪酸，色素の生合成系の遺伝情報もコードしている．cpDNAは1細胞あたりのコピー数が多く（タバコでは約10,000コピー），原核生物と同じくイントロンを含まないため（図1.27参照），これに遺伝子導入して大量の組換えタンパ

表1.4　ミトコンドリアの遺伝暗号の変化

コドン	標準遺伝暗号	ミトコンドリア遺伝暗号				
		ヒト	ショウジョウバエ	アカパンカビ	酵母	植物
UGA	終止	Trp	Trp	Trp	Trp	終止
AGA, AGG	Arg	終止	Ser	Arg	Arg	Arg
AUA	Ile	Met	Met	Ile	Met	Ile
AUU	Ile	Met	Met	Met	Met	Ile
CUU, CUC, CUA, CUG	Leu	Leu	Leu	Leu	Thr	Leu

（出典：分子細胞生物学　第6版, p.217, 表6.3）

ク質を生産させることや環境ストレス耐性遺伝子を付与する研究（葉緑体工学）が進められている．葉緑体は母系遺伝で，卵子からのみ継承されることから，cpDNAの相同組換えにより形質転換した葉緑体は花粉により飛散する恐れがないことも，大きな利点である．

ウイルスとファージは，自身では増殖することができず，宿主の細胞に遺伝子を侵入させて遺伝子複製，転写，翻訳の仕組みを乗っ取り増殖することから，これらの遺伝子は感染した細胞内に染色体以外のDNAとして存在するDNAといえる．真核細胞に感染するものをウイルスといい，原核細胞に感染するものをファージという（表1.5）．

ウイルスには遺伝子として二本鎖DNA，一本鎖RNA，二本鎖RNAをもつ種類があり，ファージにも二本鎖DNA，一本鎖DNA，一本鎖RNAをもつ種類がある．

一本鎖RNAをもつインフルエンザウイルスやAIDSウイルス（HIV）はレトロウイルスといわれ，逆転写酵素を使いRNAからDNAを合成するが，この機能をもつウイルスが染色体DNAに転移したのがレトロトランスポゾンのはじまりと考えられている．

ウイルスやファージは宿主細胞に感染してDNAやRNAを組み込む能力があり，これを利用して遺伝子導入を行うベクターとして使われている．

表1.5　主なウイルスとファージのゲノム

		ゲノムサイズ(kbp)	特徴
ウイルス	タバコモザイクウイルス	6	一本鎖RNA
	ヒト免疫不全ウイルス（HIV）	9	
	インフルエンザウイルス	14	
	B型肝炎ウイルス	3	二本鎖DNA
	アデノウイルス	36	
	ヒトサイトメガロウイルス	229	
大腸菌を宿主とするファージ	T2	165	二本鎖DNA
	T5	121	
	T7	40	
	λ	48	
	MS2	3.5	一本鎖RNA
	QB	4.2	

プラスミドは細菌や酵母などの一部の真核生物，細胞内小器官であるミトコンドリアなどに存在し，染色体DNAとは独立に自己複製能力をもつDNAである．

大腸菌など細菌のもつプラスミドは複製開始点をもつ二本鎖の環状DNAで，これに選択マーカーとして抗生物質耐性遺伝子と特定の制限酵素で1ヶ所だけ切断されるように設計されたポリリンカーを組み込んで，クローニングベクターとして汎用されている（図1.24）．

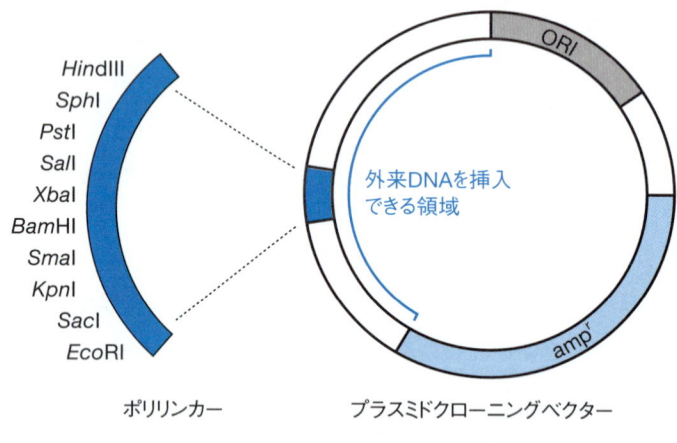

図1.24　プラスミドクローニングベクターの基本構造

1.4 遺伝子の発現調節とタンパク質

A　タンパク質－DNA複合体（クロマチンとヌクレオソーム）

　DNAとタンパク質の複合体は，まったく同じ遺伝子をもっている細胞が発生の過程でさまざまな機能をもった細胞に分化することや，生息環境の変化に対応して生物個体が恒常性の維持のために必要な機能を発現させること，突然変異によるDNA塩基配列の変化を伴わず遺伝情報を選択的に発現させて細胞の機能を変化させるなど，遺伝情報の発現調節に重要な役割をはたしていると考えられる．さらにはその変化は記憶され，分化した細胞は，その機能を細胞分裂後の子孫の細胞にも伝えることもできる．DNA塩基配列の変化を伴わない発現調節とその記憶には，DNA分子が修飾される場合と，DNAを巻き取るタンパク質が修飾される場合に分けることができる（表1.6）．

　DNAを構成している4種類の塩基のうち，シトシンの5位の炭素がメチル化され5-メチルシトシンになる．とくにDNAの塩基配列でシトシンの次にグアニンがくるCpG配列が高い頻度で出現する部位（CpGアイランド）は遺伝子発現にかかわるプロモーターの付近に存在し，この部分のシトシンがメチル化されると転写因子がDNAに結合しにくくな

表1.6　DNAとヒストンのメチル化

	出芽酵母	線虫	ショウジョウバエ	ほ乳類
DNA（CpG）のメチル化	−	−	−	＋
ヒストンのメチル化	−	H3K9	H3K9	H3K9
		H3K27	H3K27	H3K27

H3K9：ヒストンサブユニットH3のN末端から9番目のリジン残基
H3K27：ヒストンサブユニットH3のN末端から27番目のリジン残基

り，転写が抑制される．DNAはメチル化されても複製には影響を受けず，複製された二本鎖DNAの片方の鎖に含まれるメチル化CpG配列はそのまま残る．このヘミメチル化DNAのメチル化されていない相補的CpG配列を特異的にメチル化するDNAメチル基転移酵素（DNAメチルトランスフェラーゼ）があり，これにより，細胞分裂後の細胞にもDNAのメチル化による遺伝子の発現抑制（サイレンシング）が引き継がれることになる．

クロマチンは真核生物の核に存在する塩基性色素により染色されるDNAとタンパク質の複合体であり，ヒストンタンパク質にDNAが巻きついたヌクレオソームが連続した構造をもち，DNA鎖を核内に収納している（図1.25）．

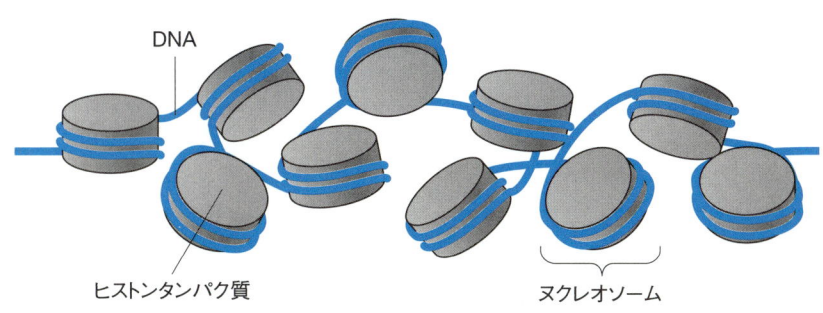

図1.25　クロマチン構造

ヌクレオソームはDNAがヒストンに巻きついたコア部分とコアを連結するリンカー部分からなり，DNAを巻き取るヒストンは，リシンやアルギニンを約20％含む塩基性のタンパク質で，酸性のDNAとは高い親和性をもっている（表1.7）．

ヒストンタンパク質は，H2A，H2B，H3，H4の4種のサブユニットが2分子ずつ集まった八量体からなるコアヒストンと，コアヒストンにDNAが巻きついたヌクレオソームを連結するリンカー部分のDNAに結合するリンカーヒストン（H1）からなる．

コアヒストンのそれぞれのサブユニットは，N末端側が折りたたまれずに細長く伸びた形（ヒストンテール）をしており，糸巻きのような形をした八量体の両端から4本ずつの突起が出て巻き取られたDNA鎖が外れないようになっている．このN末端側の突起に含

表1.7 ウシ胸腺のヒストンに含まれる塩基性アミノ酸の割合

ヒストン	分子量（kD）	アミノ酸残基数	リシン（%）	アルギニン（%）
H1	23.0	215	29	1
H2A	14.0	129	11	9
H2B	13.8	125	16	6
H3	15.3	135	10	13
H4	11.3	102	11	14

（出典：ヴォート生化学 第3版（下），p.1131，表34.1）

まれるリシン残基が修飾を受けることにより，コアヒストンとDNA鎖との親和性が変化する．リシン残基の側鎖がアセチル化されると，リシン残基のもつ正電荷が中和され負電荷をもつDNAとヒストンタンパク質との親和性が弱くなり，ヌクレオソームの構造がゆるむと，DNA鎖をスライドさせて必要な遺伝子を露出させるATP依存クロマチン再構築複合体（クロマチンリモデリング因子）など非ヒストンタンパク質も作用しやすくなる．その結果，ORF（オープンリーディングフレーム*）が露出して転写が起こり，遺伝子の発現が促進される．中性のセリン残基がリン酸化しても，DNAの負電荷と反発してリシン残基のアセチル化と同様に機能する．また，リシン残基がメチル化されると転写抑制タンパク質がメチル化されたリシンに特異的に結合し転写を抑制する．クロマチンには，凝集し不活性化しているヘテロクロマチンと活性化しているユークロマチンがあり，ヘテロクロマチンは高度にメチル化されていると考えられている（図1.26）．

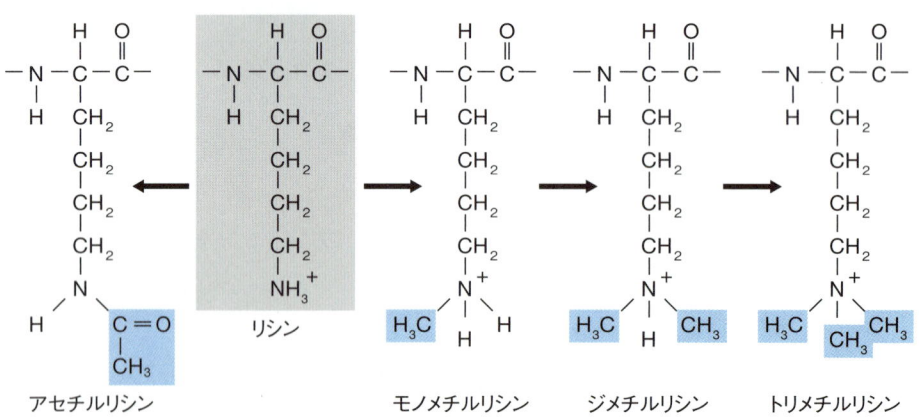

図1.26 アミノ酸のメチル化・アセチル化の例

用語 *オープンリーディングフレーム…アミノ酸を指定する3つの塩基の組みをリーディングフレームとよぶが，このうちとくに開始コドンをもち，途中に終始コドンが含まれずにタンパク質を指定する可能性のある塩基の並びをオープンリーディングフレームとよぶ．

このように DNA がメチル化されたり，ヒストンタンパク質がアセチル化やメチル化などの化学修飾を受けることにより，DNA とタンパク質との親和性が直接変化したり，他の調節タンパク質を引き寄せたりすることで複雑な遺伝子の発現調節が行われている．DNA メチルトランスフェラーゼによる人為的な DNA のメチル化は，制限酵素などのエンドヌクレアーゼによる分解から DNA を保護するために用いられる．

B　タンパク質の生合成（セントラルドグマ）

DNA 上にあるタンパク質の遺伝情報は，mRNA に転写され，リボソーム上でタンパク質に翻訳される．DNA → RNA → タンパク質と遺伝情報が流れ，逆流することはないというのが，クリックの提唱した「分子生物学のセントラルドグマ」である（図 1.5 参照）．

セントラルドグマの構図はすべての生物において共通であるが，DNA から RNA への転写の過程は細菌などの原核生物と真核生物では大きく異なる．これは DNA 上での遺伝情報の配置の違いに依存している．

細菌においては，DNA 上の mRNA 転写開始点から転写終結点までの間に複数種類のタンパク質の遺伝子（シストロン）が連続して含まれており，一度の転写である代謝反応に必要な一連のタンパク質の情報（オペロン）を引き出すことが可能である．これをポリシストロン転写という（図 1.27）．これに対し，真核生物では，転写開始部位から転写終結点までの間にタンパク質のアミノ酸配列の情報をコードする領域（エキソン）が情報をもたない領域（イントロン）で分断されており，転写された RNA はそのままでは翻訳することができない．一次転写産物には 5′ 末端に CAP 構造が，次いで 3′ 末端に 200 から 250 塩基のポリ (A) 鎖が付加された後，スプライシングによりイントロンを除く過程（転写後修飾）を経て，1 種類のタンパク質の mRNA が完成する．これをモノシストロン転写という（図 1.28）．

この転写後修飾の過程で，1 種類のタンパク質しか合成されない場合を単一転写単位という．対して，特定のエキソンを選択してスプライシングする選択的スプライシングが行われると，同じ遺伝情報から異なる表現型のタンパク質（アイソフォーム）がつくり出される場合があり，これを複合転写単位という．

mRNA の転写後修飾は核内で行われ，CAP 構造とポリ (A) 鎖がついた成熟 mRNA は核膜

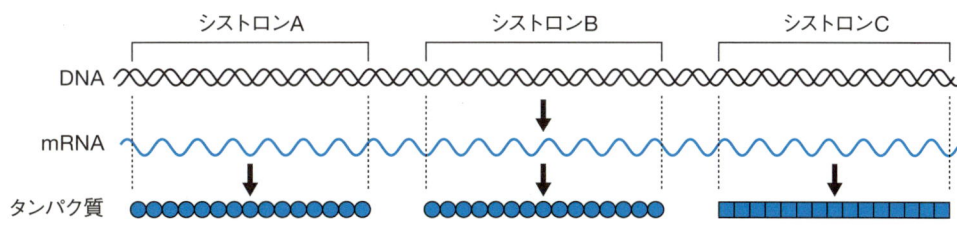

図1.27　ポリシストロン転写

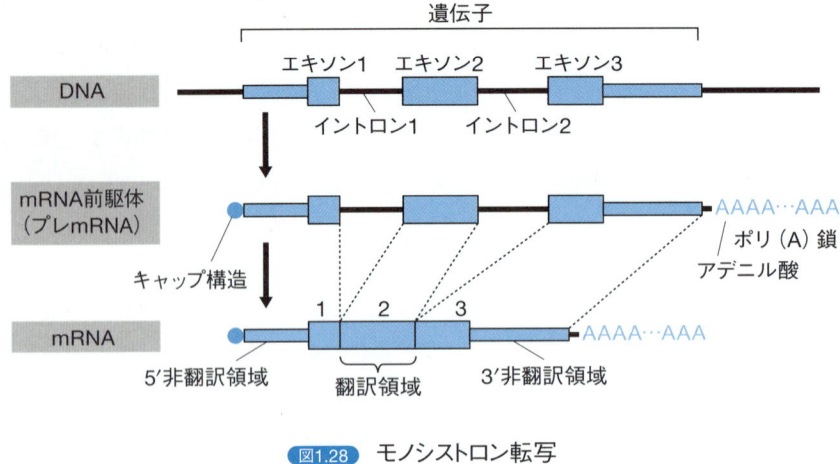

図1.28　モノシストロン転写

穴から核外に運搬され，粗面小胞体上での翻訳に用いられる．

　CAP 構造とポリ（A）鎖は mRNA を安定化させるが，ポリ（A）鎖は次第に短くなり，一定以上に短くなると mRNA は分解される．

　人為的にオリゴ（dT）をつけた担体はポリ（A）鎖と結合するため，mRNA を精製し，cDNA を合成するために用いられる（図 1.7 参照）．

C　スニップ（SNP）

　同じ種であっても個体ごとにゲノムの塩基配列は少しずつ異なっており，これが個体差の要因になっている．一般に 1％以上の頻度で出現する変異を多型（polymorphism），それ以下を突然変異といい，多型の中で一塩基だけ異なっている変異を一塩基変異（Single Nucleotide Polymorphism：SNP）という．SNP が生じるのは遺伝子 DNA にランダムに発生する変異に起因しているが，変異が生じた場所により個体に与える影響に差がある．

　遺伝子上でタンパク質の情報をコードする領域の SNP（coding SNP：cSNP）はタンパク質の機能に直接的な影響を与える可能性が高く，プロモーターなどの調節領域の SNP（regulatory SNP：rSNP）もタンパク質の発現量に影響し，個体の表現型を変化させる可能性が高い．これに対して，コード領域でも，アミノ酸の変異を起こさない SNP（silent SNP：sSNP）やイントロンに存在する SNP（intronic SNP：iSNP），非コード領域の SNP（untranslated SNP：uSNP），そして遺伝子領域以外の SNP（genome SNP：gSNP）は表現型に与える影響は少ないと見なされる（表 1.8）．

　ヒトの全ゲノム配列の解析が進み，SNP 解析により個体の遺伝的背景を明らかにすることができる．また，各種遺伝病などの疾患関連遺伝子との連鎖解析などにより SNP と疾病との関連性を明らかにし，個人による薬効の差などをあらかじめ知った上で投薬するなどのテーラーメイド医療への発展が期待されている．

表1.8 SNPの分類と効果

遺伝子上での位置	分類	効果	表現型変化の可能性
タンパク質の コード領域エキソン	coding SNP（cSNP）	ナンセンス変異 ミスセンス変異	＋＋＋＋＋ ＋＋＋＋
	silent SNP（sSNP）	サイレント変異	－
イントロン	intronic SNP（iSNP）	発現量制御	＋＋
非コード領域	untranslated SNP（uSNP）	発現量制御	＋＋＋
調節領域	regulatory SNP（rSNP）	発現量制御	＋＋＋＋
遺伝子領域以外	genome SNP（gSNP）	発現量制御	－

D エピジェネティクス

　遺伝子の塩基配列には変化が起きていないのに，DNAやDNAが結合するタンパク質に化学物質が結合することで遺伝子の発現が変化し，これが細胞の表現型を変化させて分化が起こり，これが固定されて細胞分裂後も世代を越えて維持される．この現象および関する研究をエピジェネティクス（Epigenetics）という．エピジェネティクスの要因として，DNAのメチル化やヒストンのメチル化，アセチル化，リン酸化などの化学修飾がある．

　DNAのメチル化ではシトシンの5位にメチル基が付加されるが（図1.29），シトシンとグアニンが隣接しているCpG部位でよく検出される．メチル化シトシンはDNAの複製に影響を与えないため，複製後に生じたメチル化シトシンをもつ一本鎖ともたない一本鎖からなるヘミメチル化DNAが生じる．ヘミメチル化DNAの非メチル化DNA鎖は，維持メチラーゼがメチル化されたCpG部位を認識して，対になるCpG部位のシトシンをメチル化する．これにより，細胞分裂後もメチル化部位が継承されることになる（図1.30）．

　DNAと結合してクロマチンを形成するヒストンのサブユニットH3には，そのN末端から9番目のリジンが，ヒストンメチルトランスフェラーゼ（HMT）によりメチル化されると，そこにヘテロクロマチンタンパク質1（HP1）が結合する．HP1は周囲のHP1とも相互に結合し，さらにHMTを誘導してヒストンのメチル化を進行させ，ヘテロクロマチンを形成する．このヘテロクロマチン化は非ヒストンタンパク質がDNAに結合した境界領

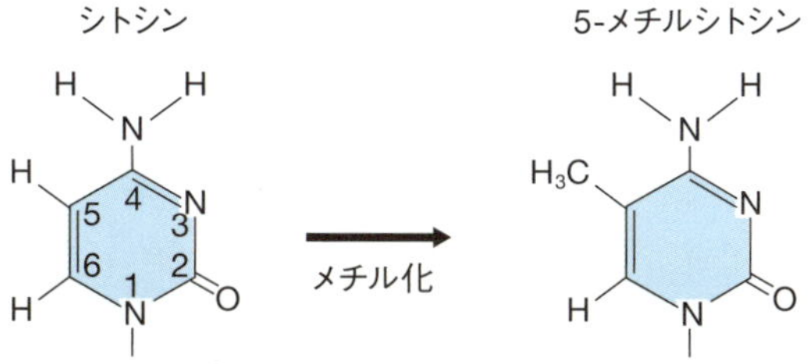

図1.29 シトシンのメチル化

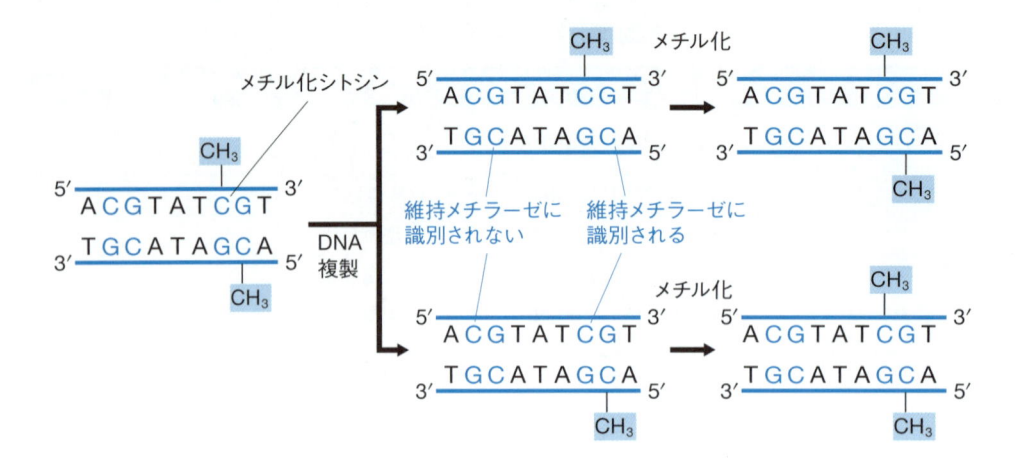

図1.30　DNA メチル化部位の継承

域まで拡大し，ヘテロクロマチン領域に含まれる遺伝子の発現は抑制される．細胞分裂の際に，メチル化されたヒストンも複製後のクロマチンに再配分されるが，メチル化ヒストンを含むクロマチンには再び HP1 が結合し，さらに HMT を誘導して複製された DNA とヒストンを含む領域のヘテロクロマチン化が進行し，発現の抑制が継続される．

まとめ

1 核酸の構造と性質

- DNA：アデニン（A），チミン（T），グアニン（G），シトシン（C）の4種の塩基とデオキシリボース，リン酸で構成されている．二重らせんを形成し，遺伝物質として機能する．90℃以上の高温かpH9.2以上で二重らせんはほどけるが，GC含量が高いほどほどけにくい．
- RNA：アデニン（A），ウラシル（U），グアニン（G），シトシン（C）の4種の塩基とリボース，リン酸で構成されている．一本鎖として存在し，高いアルカリ性では分解する．
- cDNA：真核生物の成熟したmRNAから逆転写酵素を用いて合成される．イントロンを含まないため，大腸菌など原核生物に遺伝子導入し，真核生物のタンパク質を合成させることができる．
- 合成DNAと最適コドン：真核生物の遺伝子を原核生物に導入するときは同じアミノ酸を指定するコドンを宿主が使いやすいコドンに変更する．

2 遺伝子工学に利用する酵素

- 制限酵素：DNAの特定の回文配列を認識して切断し，粘着末端や平滑末端を形成する．ベクターに遺伝子を組み込むのに用いられる．
- 核酸合成酵素：DNAはDNA依存DNAポリメラーゼやRNA依存DNAポリメラーゼ（逆転写酵素）で，RNAはDNA依存RNAポリメラーゼでつくられ鋳型を必要とする．ポリ（A）ポリメラーゼは鋳型を必要とせず，cDNAの鋳型になるRNAにポリ（A）を付加する．
- 核酸分解酵素：制限酵素の他にも，DNaseやRNaseがDNAの精製やRNAの除去に用いられる．
- 核酸の連結に用いられる酵素：DNAリガーゼはDNAの制限酵素断片同士を連結する．
- DNAを修飾する酵素：DNAのリン酸を除去または付加する酵素（アルカリホスファターゼ，T4ポリヌクレオチドキナーゼ），メチル化して制限酵素消化を受けにくくするDNAメチルトランスフェラーゼがある．

3 遺伝子の構造と性質

- ゲノムとゲノムサイズ：ゲノムはある生物のもつすべての遺伝情報のことである．ゲノムサイズは生物により異なる．
- 遺伝子としてのDNAと遺伝子でないDNA：DNAはすべてが遺伝子ではない．遺伝子発現の調節などさまざまな機能をもつ．
- 染色体以外のDNA：ミトコンドリアや葉緑体は真核生物に共生した細菌に由来し，独自のDNAとタンパク質合成系をもつ．

❹ 遺伝子の発現調節とタンパク質

- タンパク質−DNA複合体（クロマチンとヌクレオソーム）：真核生物のDNAはヒストンに巻き取られヌクレオソームを形成する．これが集合してクロマチンとなる．DNAやヒストンがメチル化などの化学修飾を受けると相互作用が変化し発現調節を受ける．
- タンパク質の生合成（セントラルドグマ）：DNAのもつ遺伝情報はRNAに転写されタンパク質に翻訳される．遺伝子工学は基本的にこのしくみに依存している．
- スニップ（SNP）：同じ種でも個体ごとに遺伝子はまったく同じではない．1塩基だけ異なる多型をSNPといい，疾病との関連性を調べることにより，テーラーメイド医療に貢献する可能性がある．
- エピジェネティクス：遺伝子の塩基配列が変化しなくても，DNAのメチル化やヒストンのメチル化などにより遺伝子発現が制御され，これが細胞分裂後も継承される現象を指す．細胞分化の原理である．

第2章 遺伝子工学の基礎技術

2-1 試薬と溶液

　一般に，遺伝子工学（組換え DNA 実験）で用いる試薬類は，特別な理由がなければ，特級（分子生物学用）のものを用いる．

　実験に使用する水は，イオン交換水を蒸留してつくる再蒸留水，あるいは超純水（ミリ Q などの装置を利用してつくる）を用いる．核酸を直接取り扱う実験では，ヌクレアーゼ（核酸分解酵素）の混入を防ぐために，ほとんどすべての水や溶液をオートクレーブ（121℃，20分）するかフィルター滅菌し，ヌクレアーゼの発生源となる細菌やカビの混入・増殖を防ぐ．また，必要に応じて 4℃ または −20℃ で保存する．以下によく利用する試薬などの一部を列挙する．

A 汎用される試薬

a 基本的な試薬

1 トリスヒドロキシメチルアミノメタン（tris（hydroxymethyl）aminomethane）

各種の緩衝液の成分として広く使われる緩衝剤の1つで，トリス（Tris）と省略してよんでいる．有効緩衝域は pH7〜9 程度だが，温度や濃度によって pH が変化するので注意が必要．塩酸で pH を調整する．

2 エチレンジアミン四酢酸（ethylenediaminetetraacetic acid）

金属キレート剤で，EDTA と省略してよんでいる．遺伝子工学では通常，とくに断らないかぎりジナトリウム塩（EDTA・2Na）を指す．ヌクレアーゼ活性に必要な二価陽イオン（Mg^{2+} 等）をキレートするので，DNA や RNA の分解を防ぐ目的で添加する．

3 ドデシル硫酸ナトリウム（sodium dodecyl sulfate：SDS）

陰イオン性界面活性剤で，ラウリル硫酸ナトリウム（sodium lauryl sulfate）ともよぶ．タンパク質の変性・可溶化の目的で使用する．

4 Triton-X100（polyoxyethylene（10）octylphenyl ether）

タンパク質の可溶化や真核細胞の細胞膜溶解に用いる非イオン性界面活性剤で，生化学実験などによく用いる．

b 組換え DNA 実験に用いる試薬

1 抗生物質

組換え DNA 実験に利用するベクターの多くは薬剤耐性マーカーをもつので，ベクターが導入された大腸菌などの宿主を選別するために抗生物質を培地に添加する．代表的な抗生物質はアンピシリン，テトラサイクリン，クロラムフェニコール，カナマイシンで，とくにアンピシリンは遺伝子工学において最も汎用されている（p.71 表 3.2 参照）．

2 イソプロピル-β-チオガラクトピラノシド（isopropyl β-D-1-thiogalactopyranoside）

略して IPTG とよばれるアロラクトースの類似体で，ラクトースオペロンの転写を誘導する．IPTG はラクトースリプレッサーに結合してそのはたらきを阻害し，ラクトースを分解する β-ガラクトシダーゼの発現を誘導する．IPTG は生体内で分解されないため，ラクトースオペロンは常に誘導された状態となる．

3 5-ブロモ-4-クロロ-3-インドリル-β-D-ガラクトピラノシド

通常 X-gal とよんでいる．β-ガラクトシダーゼにより分解されると，不溶性の青い色素になる．この性質を利用して，ブルーホワイトスクリーニング（ベクター DNA に異種 DNA 断片や遺伝子が挿入されたかどうかを確認する方法）に用いる（図 2.1，図 3.3 も参照）．

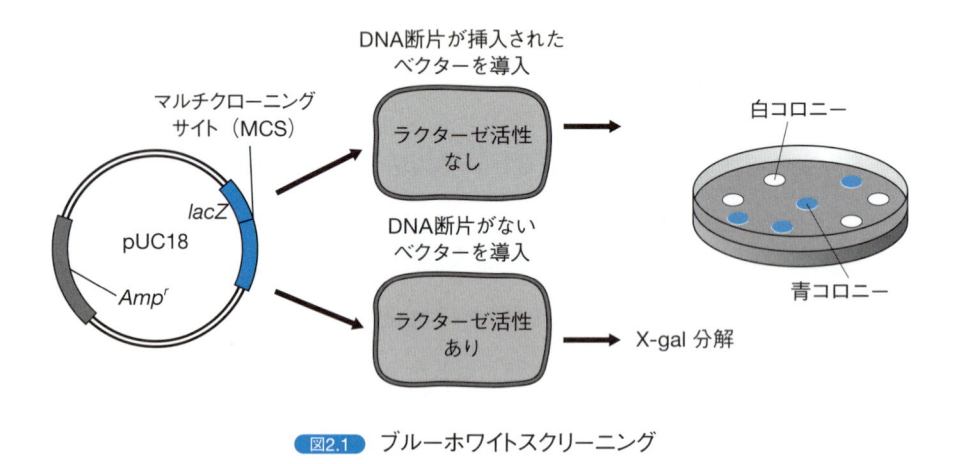

図 2.1 ブルーホワイトスクリーニング

c DNA や RNA の染色試薬

1 臭化エチジウム（ethidium bromide）

紫外線を当てると赤橙色の蛍光を発する．エチジウムブロミドともよび，EtBr や

エチブロと略記される．DNA の二本鎖間に挿入されるインターカレーター*で，核酸に結合して強いオレンジ色蛍光（λ=600 nm）を発する（蛍光強度は DNA に結合すると約 20 倍）．感度は低くなるが，分子内で塩基対を形成した RNA の検出にも使える．強い変異原性があるので，皮膚などに触れないようにグローブを忘れずにつけるなど，取り扱いには十分な注意をすること．また使用後は，ポリタンクなどにしばらく保管して光で分解させた後，活性炭に吸着させて焼却処分するのが一般的である．かつて，次亜塩素酸（漂白剤）を加えてから廃棄していた場合があったが，発がん性のエポキシドができるので避けなければならない．最近は，EtBr Deystroyer など市販のエチジウムブロミド除去剤なども利用できる．

2 SYBR Green（サイバーグリーン）

強い変異原性物質である臭化エチジウムの代替物質．DNA と特異的に結合し，青色光（λ=488 nm）を吸収し，緑色光（λ=522 nm）の蛍光を発する．リアルタイム PCR における増幅産物の定量に利用されている（p.50 参照）．

B 緩衝液

1 Tris-HCl 緩衝液（トリス塩酸緩衝液）

遺伝子工学や生化学実験などにおいて最もよく利用される緩衝液．Tris 水溶液（pH10.5 程度）に塩酸を加えて望みの pH を pH7～9 の間で調整するが，温度により pH がずれるので，使用温度を考慮して調整する．

2 TE

DNA や RNA を扱う実験に用いる基本的な緩衝液で，Tris-HCl 緩衝液にエチレンジアミン四酢酸（EDTA）を加えたもの．トリスで pH を弱アルカリ性に保つこと

表2.1 汎用される緩衝液

緩衝液名	pK
リン酸塩（pK_1）	2.12
MES（2-(*N*-morpholino)ethanesulfonic acid）	6.15
PIPES（piperazine-*N N'* bis-(2-ethanesulfonic acid)）	6.8
MOPS（3-(*N*-morpholine)propanesulfonic acid）	7.2
HEPES（*N*-2-hydroxyethylpiperazine-*N'*-2-ethanesulfonic acid）	7.55
リン酸塩（pK_2）	7.21
TES（*N*-tris(hydroxymethyl)methyl-2-amino-ethanesulfonic acid）	7.7
Tris（Tris(hydroxymethyl)aminomethane）	8.3

用語 *インターカレーター…2 つの分子の間に可逆的に入り込む分子．

で，核酸を脱プロトン化するので DNA や RNA の沈殿を防ぐ．また，この pH ではヌクレアーゼ活性が最も低くなるので好都合である．さらに，ヌクレアーゼ活性に必要な二価陽イオン（Mg^{2+} など）を EDTA でキレートして，DNA や RNA の分解を防ぐ．DNA や RNA の保存液として一般に用いられる．

3 TBE

トリス，ホウ酸および EDTA で調製する緩衝液で，核酸をサンプルとするアガロースゲル電気泳動やポリアクリルアミドゲル電気泳動に用いる．TAE 緩衝液と比べて緩衝能が高く，分離がよい．

4 TAE

トリス，酢酸および EDTA で調製する緩衝液で，一般に核酸をサンプルとしたアガロースゲル電気泳動に用いる．TBE 緩衝液と比べて速く泳動されるが，緩衝能が比較的弱いので，長時間の電気泳動では陽極側の pH が酸性にずれる．比較的長い DNA 断片の分離能がよいので，サザンブロットハイブリダイゼーションに用いられることが多い．

5 トリス緩衝生理食塩水（TBS：Tris-Buffered Saline）

トリスと塩化ナトリウムからなる緩衝液で，リン酸緩衝生理食塩水（PBS）が使えない実験で PBS の代わりに用いる．とくに免疫学的な実験で多用されている．PBS 同様に処方がきわめて多様であるので注意を要する．

6 リン酸緩衝生理食塩水（PBS：Phosphate Buffered Saline）

細胞を扱う細胞生物学や生化学などの実験でよく利用される緩衝液で，等張になるように調製したもの．無毒なので細胞の洗浄などに用いる．

7 SSC（標準食塩−クエン酸緩衝液：Standard Saline Citrate）

サザンブロットハイブリダイゼーション法などに用いる溶液で，クエン酸が含まれているので DNA がキレートされて安定化する．

C 有機溶媒

1 エタノール

一般には消毒や滅菌などに利用するが，遺伝子工学では核酸を精製する際の基本的な操作（エタノール沈殿）に用いる．エタノール沈殿は塩析効果を利用した操作で，共存させる塩として酢酸ナトリウム，酢酸アンモニウム，塩化ナトリウムや塩化リチウムが用いられる．揮発性が高いので，核酸を沈殿させた後，乾燥させやすいのが特徴．

2 イソプロパノール

エタノール同様，一般には消毒に用いるが，遺伝子工学ではエタノールの代わりにイソプロパノールを用いて核酸を沈殿させることがある．揮発性がエタノールより低いので乾燥に時間がかかる．また，酵素活性などに影響するので，沈殿後の洗浄は注意深く行う必要がある．

3 フェノール／ハイドロイソキノリン

遺伝子工学などでは，タンパク質変性させ不溶化させる．細胞溶解液などから核酸（DNA，RNA）の抽出・精製のためにタンパク質を取り除く目的で用いる．常温で固体なので，Tris-HCl 緩衝液または水で飽和させて使う．RNA の抽出では，水飽和フェノール（弱酸性）を用いる．試料に残存すると酵素反応などを阻害するので，クロロホルムやエタノールなどで取り除く必要がある．酸化したフェノールを用いると DNA が損傷するので，酸化防止のために 8-ハイドロイソキノリンを添加することがある．また，フェノールを黄色く着色するので水層と区別しやすくなる．腐食性および毒性があるので取り扱いには十分に注意する必要がある．

4 クロロホルム

フェノールと混合して，核酸の抽出・精製においてタンパク質，脂質や多糖類の除去に用いる．また，残存するフェノールの除去に用いる．中枢神経に作用するので，大量に吸入しないように注意が必要．

5 イソアミルアルコール（3-メチル-1-ブタノール）

クロロホルムと 24：1 で混合したものがよく使われ，独特な臭いをもつ無色の液体．クロロホルム単独で使用すると水相が球状にまとまろうとして分取しにくくなるのを解消する目的で加える．

6 n-ブタノール

水と混合すると二層に分離する．ただしクロロホルムとは異なり，ある程度水を吸収する．

D　その他の試薬

1 ジエチルピロカーボネート（Diethylpyrocarbonate：DEPC）

ヒスチジン残基を共有結合で修飾する作用を利用して，RNase を失活させる目的で使う．RNA を取り扱う実験では，DEPC 処理水がよく用いられる．水に対してDEPC を添加（0.1％）し，37℃で 1 時間以上反応させる．未反応の DEPC をオートクレーブで不活性化させる．

2 グアニジンイソチオシアネート

強力なタンパク質変性作用をもつカオトロピック試薬で，RNase を迅速に不活性化する．

3 臭化ヘキサデシルトリメチルアンモニウム（CTAB）

陽イオン性界面活性剤で，植物細胞からの DNA 抽出に用いる．

4 過硫酸アンモニム

ポリアクリルアミドゲルをつくるときにアクリルアミド溶液に重合開始剤として加える．

5 TEMED（N,N,N'',N''-テトラメチルエチレンジアミン）

ポリアクリルアミドゲルをつくるときにアクリルアミド溶液に重合促進剤として加える．

6 β-メルカプトエタノール

還元剤で，タンパク質の S–S 結合の形成を阻害し，制限酵素などの活性を保護する．

7 DTT（ジチオスレイトール）

還元剤で，タンパク質の S–S 結合の形成を阻害し，制限酵素などの活性を保護する．

2.2 核酸の調製

遺伝子クローニングを効率よく進めるためには，解析したり組換えタンパク質合成に利用したりする遺伝子などを含む DNA 試料，DNA 断片，または RNA を高い純度で調製（抽出・精製）する必要がある．ゲノム DNA は物理的な衝撃によって切断されやすく，一方，RNA は DNA に比べ分解されやすい性質をもつ．高い純度というのは，単に高純度の核酸を得るということではなく，できるだけ組織や細胞内にある状態を保ったまま精製するということである．解析や利用の対象は，核酸にある塩基配列（遺伝情報）なので，これをできるかぎり無傷のまま調製する必要がある．そうでなければ，正確な実験を進めることが難しくなる．したがって，核酸を抽出する過程で，核酸を含む溶液などを激しく振とうしたり，先の細いピペットチップで分注するなど，長い DNA 分子が切断されるような操作を避ける必要がある．一方，RNA の抽出にとって大敵なのは分解酵素（RNase）で，試料中に内在するものに加えて外部から混入するものに注意する必要がある．加熱などによる不活化が困難であるうえに，試薬や器具などに付着した RNase 以外にも実験者の手指や空気中の細菌やカビなども RNase 汚染源となるので，実験環境を RNase がない状態（RNase フリー）に近づけるよう細心の注意が必要である．

A DNAの抽出と精製

a 細胞と組織の破砕方法

組織や細胞から核酸を抽出するときは，核酸をもつ組織や細胞の特徴を考慮し，かつ目的に応じた方法で破砕しなければならない．組織や細胞には分解酵素が含まれているので，破砕する段階から核酸の切断や分解を避けるよう十分な注意が必要である．試料はできるだけ新鮮なものを用い，分解酵素の作用を抑えるために滅菌した器具を用いて低温で試料を扱うことが必要である．

目的とする核酸が真核細胞のゲノム DNA であれば，特別な場合を除いてすべての組織や細胞は同じゲノム DNA をもっているので，扱いやすい肝臓など軟組織（実験動物）や血液中の白血球細胞（ヒト）を試料として選ぶことが多い．植物のゲノム DNA を抽出する場合には，セルロースなどを主成分とする細胞壁を破砕し取り除くために，動物細胞とは異なる破砕方法が必要となる．

軟組織のように比較的破砕しやすい試料には，細胞核に損傷を与えず微粒子状にホモジナイズできるダウンス型ホモジナイザーや，ペストルがテフロン製のポッター型ホモジナイザーがよく使われる（写真）．容量が大きい試料を破砕する場合には，ブレンダーやポリトロンなどを利用することもある．植物組織など，固い組織を用いる場合は，液体窒素で凍結した組織を粉砕して試料とする．さらに，植物細胞などのように細胞壁で細胞が囲まれている試料の場合には，研磨作用のあるガラスビーズなどによって物理的に細胞壁を破壊するか，CTAB のような界面活性剤あるいは酵素処理によって細胞壁を溶解する方法をとる．細胞壁の溶解には，細胞壁の組成に応じてセルラーゼ（植物細胞），リチカーゼ（酵母）やリゾチーム（細菌細胞）などの酵素を利用する．ミトコンドリア DNA や葉緑体 DNA を高純度で抽出する必要がある場合は，細胞分画によって単離した細胞小器官から DNA を抽出する．

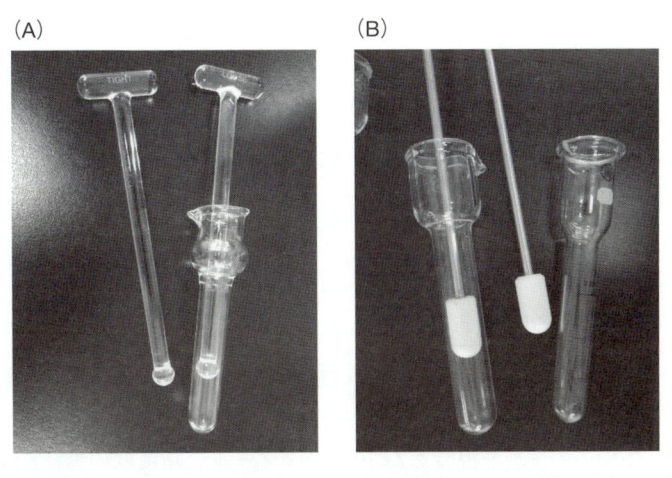

写真 （A）ダウンス型ホモジナイザー，（B）ポッター型ホモジナイザー

ⓑ 抽出・精製

　通常，細胞溶解後に核酸を抽出するためには，タンパク質を除く必要がある．とくに真核細胞のゲノム DNA は塩基性タンパク質であるヒストンと結合してクロマチンを形成し，かつ多くの非ヒストンタンパク質とも結合している．DNA に結合するタンパク質以外にも，細胞溶解液の中には多くのタンパク質が含まれていて，DNA や RNA を基質とするさまざまな酵素反応などを最適な条件で行ううえで支障がある．したがって，除タンパク質は DNA や RNA の調製において重要なステップとなる．抽出から精製までの基本的な流れは，《タンパク質の変性・分解→除タンパク質→ DNA の濃縮（アルコール沈殿）》となる．

① タンパク質の変性・分解・可溶化

　タンパク質の変性や可溶化には通常 SDS が，タンパク質分解にはプロテアーゼ K が用いられる．SDS 存在下でプロテアーゼ K を作用させると，ほとんどのタンパク質を分解することができる．一方，DNase（DNA 分解酵素）は，プロテアーゼ K の反応温度（約 55℃）で失活するので，DNA の切断は起こらない．DNA の物理的な切断を起こさないようにゆるやかに処理しなければならないが，ゆるやかすぎると DNA からタンパク質が十分に解離されず，純度の低い DNA サンプルになってしまうので注意が必要である．

② フェノール抽出（除タンパク質）

　タンパク質を細胞溶解液から除くには，一般にフェノールやクロロホルムなどの有機溶媒を使う．タンパク質は有機溶媒によって変性・不溶化し，有機溶媒中に分離される．フェノールには吸水性があるので，必ず緩衝液で飽和したものを用いる．DNA の精製には Tris-HCl 緩衝液で飽和し中性から弱塩基性（pH7～8）に調製したフェノールを用いる．この条件下で，DNA は水相に残留する．酸性（pH4～5）に調製したフェノールを用いると DNA は水相に残留しないでフェノールに溶け込む．これを利用して RNA と DNA を分離することができる（RNA の精製）．フェノールは多少水に溶けるので，水相と有機溶媒相の分離をよくするためにクロロホルムとフェノールを 1：1 で混合した溶液を用いるのが一般的である．また，クロロホルムによる泡立ちを抑えて相分離しやすくするために，フェノール：クロロホルム混合液にイソアミルアルコールを加えたものを使うこともある．必要に応じて，クロロホルムで残存するフェノールを除く．

③ アルコール沈殿

　DNA や RNA の精製の過程で，DNA や RNA を沈殿として回収するエタノール沈殿法が広く利用されている．これは，DNA や RNA のエタノールに対する不溶性を利用した方法で，エタノールの代わりにイソプロパノールを使うこともある．一般に，水とエタノールを混合した 70％エタノールに高濃度の塩（NaCl，酢酸ナト

リウムなど）を加えると，溶けていたDNAやRNAのリン酸基に由来する負電荷が中和されて核酸同士の反発力が弱まり，エタノールに不溶性の核酸が次第に析出する．析出したDNAやRNAを遠心分離によって沈殿として回収する．遠心後に残ったエタノールは乾燥させて除く．イソプロパノールの方がエタノールより極性が小さいので沈殿が得やすいが，揮発性がエタノールよりは低いので，乾燥に時間がかかる．実際の操作では，通常低温（氷中〜−80℃）で核酸を析出させる．また，共沈剤としてグリコーゲンやポリエチレングリコール（PEG）を利用すると，沈殿しやすくなり微量の核酸の回収率を上げることができる．残存する塩や共沈剤は，核酸回収後の酵素反応などを阻害したりするので，再度70％エタノールで沈殿とチューブ内を洗浄する．乾燥した核酸は低温で長期間保存できる．ただし，回収した核酸の量が多い場合，強く乾燥させてしまうと再溶解しづらくなり，とくにゲノムDNAは物理的な切断が起こってしまうので注意が必要である．

4 ブタノール濃縮

DNA溶液と等容量のn-ブタノールを加えて混合後，遠心をかけると2相に分離する．上層のブタノールを除き，同じ作業をくり返すと水分が減って，DNA溶液を濃縮することができる．低濃度で容量の多いDNA溶液からDNAを回収するときに便利な方法である．また，臭化エチジウムの除去にも利用できる．

c 溶解と保存

1 溶解

乾燥させたDNAやRNAは，滅菌処理した超純水，Tris-HCl（中性〜弱塩基性），TE（中性〜弱塩基性）などで溶解する．

2 保存上の注意

TE緩衝液に溶解し，凍結保存（−20℃または−80℃）するのが一般的である．ただし，物理的に切断しないために，くり返し凍結融解するのは避ける．とくにゲノムDNAの保存には注意が必要である．短期間の保存であれば，凍結を避けて4℃保存で問題ない．長期間保存する場合は乾燥させて保存するのがよいが，量が多すぎると再溶解しにくくなるので注意する．RNAの場合は，水溶液中で不安定なので，エタノール沈殿か乾燥した状態で−80℃で保存する．

B 各種DNA

a ファージDNA

新規の遺伝子やcDNAのクローニングには，λ系ファージベクターで作製したライブラリーを使って得ることも多く，クローニングした遺伝子の構造解析やサブクローニングを

行うためには，ファージ DNA を調製する必要がある．ファージ DNA の調製には，液体培地を用いる方法とプレート・ライセート法*がある．ライブラリーのスクリーニングによって得られたクローンの制限酵素マッピングやサザンブロットハイブリダイゼーションによる簡単な解析には，数 mL～5 mL ほどの液体培地でファージ DNA を調製する（少量調製）．一方，クローニングしたファージ DNA から DNA 断片を調製したり，さらに解析を進めたりする場合にファージ DNA を大量に調製する必要がある．ファージ DNA の大量調製には，液体培地を用いた方法とプレート・ライセート法のいずれかを利用する．液体培地を用いる方法は，操作が比較的簡単で大量の DNA を得ることができるが，力価*の高い溶菌液が得られないファージクローンの場合には，十分な DNA が得られないことがある．その場合は，ファージの特性に影響を受けにくいプレート・ライセート法を利用する．

　液体培地を用いる方法では，単一プラークをつまようじなどで拾い上げてつくった懸濁液に，あらかじめ培養しておいた宿主菌を加えて培養する．溶菌して透明になった培養液にクロロホルムを加えて溶菌液を調製する．溶菌液中の宿主由来の DNA や RNA を DNaseI と RNaseA で分解後，PEG（ポリエチレングリコール）沈殿によってファージ粒子を得る．SDS でファージ粒子タンパク質を可溶化後，フェノール抽出とエタノール沈殿によってファージ DNA を精製する．DNA を大量調製する場合には，溶菌液調製に 1 L 程度の液体培地を用い，PEG 沈殿で回収したファージ粒子を塩化セシウム密度勾配遠心法によって分離回収する．液体培地でファージを増やすときに，大腸菌の増殖とファージによる溶菌のバランスに注意が必要である．つまり，ファージに対して大腸菌の量が多すぎると十分に溶菌できないし，少なすぎると短時間で大腸菌が溶菌してしまい，それ以上ファージが増殖しない．したがって，ファージの力価（pfu/mL）*を測定し，適切な溶菌条件を確認しておく必要がある．プレート・ライセート法では，プレート上にプラークを形成させた後にファージを回収し，DNA を抽出する．プラーク形成は，ライブラリーのスクリーニングのときと同様の操作で行う．ファージの回収には，プレートの上にファージ回収用の緩衝液を一晩重層し，緩衝液中に入り込んだファージを回収する方法と，トップアガーをかき取って回収する方法がある．後者の方法は，プレートの成分（アガロース）などが不純物として混入しやすく，制限酵素反応を阻害する可能性があるので，ファージ DNA の純度には十分な注意が必要である．

b　プラスミド DNA

　大腸菌を用いた組換え DNA 実験で作製したプラスミド DNA（組換え体分子）を精製する一般的な方法に，ボイリング法，アルカリ法，カラム法および塩化セシウム法がある（表 2.2）．通常，少量調製では 1～2 mL 程度の培地を用い，大量調製では 200～500 mL 程度の培地を用いて一晩培養した菌からプラスミドから，ボイリング法またはアルカリ法で調製

用語　*プレート・ライセート法…プラークを形成したプレートに緩衝液を加えて直接ファージを回収して DNA を抽出する方法．
　　　*力価…一定量の生理活性物質（この場合はファージ）の活性の強さを表したもの．
*pfu…plaque forming unit ＝プラーク形成単位

表2.2 プラスミドDNAの精製法

	抽出・精製されたプラスミドDNAの特徴	欠点	用途	スケール
ボイリング法	制限酵素処理に使える.	タンパク質など不純物の混入が多く,シークエンシングには向かない.	サブクローニングのスクリーニングや簡単な制限酵素地図の作成	少量
アルカリ法	シークエンシングに使える程度の純度が得られる.	ボイリング法と比べると手間と時間が多少かかる.	少量のDNAで可能なすべての実験	少量
市販のキット(カラム法)	培養細胞に導入することもできるほど高純度のものが得られるキットもある.	ボイリング法やアルカリ法と比べ,コストがかかる.ただし,最近は比較的安価なキットも市販されてきている.	すべての実験	少量〜大量
塩化セシウム法	高純度のDNAが大量(mg単位)に得られる.培養細胞への導入を含め,ほとんどの目的に利用できる(抽出の原理はアルカリ法と同じ).	手間と時間がかかる(1日以上).また,臭化エチジウムを使うので安全に注意する必要がある.	すべての実験	大量

する.前者はリゾチームまたはTriton-X100を含む緩衝液に懸濁した菌を沸騰水で短時間加熱することで菌体を破壊し,後者はSDSとNaOHで菌体を破壊する.どちらの方法も,菌自身のDNAを細胞膜やタンパク質に絡ませて不溶性の固まりとなり,低分子で可溶性のまま残っているプラスミドDNAと分離する.遠心によって不溶物を除いた後,プラスミドDNAをフェノール抽出とエタノール沈殿で精製する.トランスフェクションなどでは,高純度のプラスミドDNAが比較的大量に必要となる.そのためのプラスミドDNAの大量調製として,塩化セシウム密度勾配遠心法が利用できる.一般には,アルカリ法によって調製したプラスミドDNA溶液に塩化セシウムを溶かし,さらに臭化エチジウムを加えて超遠心にかける.プラスミドDNA(cccDNA)は比重の差によって,RNAや菌自身のDNA,不純物である多糖類やタンパク質などから分離され,高純度のプラスミドDNAを単離・精製することができる.最近では,イオン交換樹脂などを利用した簡便なDNA精製キット(カラム法)が安価に入手できるようになり,プラスミドDNAの調製にも利用されるようになった.プラスミドDNAの回収量は,宿主菌1個当たりのプラスミドのコピー数に影響を受ける.菌のタンパク質合成を阻害してプラスミドDNAの複製のみを進めるために,必要に応じて菌の増殖が飽和した段階でクロラムフェニコールを培地に加える場合がある.

c ウイルスDNA/RNA

ウイルスのDNAは,試料中から精製したウイルス粒子から抽出する.また,ウイルスを培養細胞などに感染させ,増殖したウイルスを細胞から取り出して精製する場合もある.破砕した細胞を塩化セシウムやショ糖を用いた密度勾配遠心法で分離した後,PEG沈殿*などで回収する.多孔性フィルターなどを使ったウイルス粒子精製・濃縮およびウイルス

DNA/RNA 抽出・精製を目的としたキットも他種類市販されていて，安全性や再現性などを考慮し，キットを使用することも多い．

C　RNA の抽出と精製

　一般にタンパク質をコードする mRNA から cDNA を調製する目的で，細胞や組織から RNA が抽出される．生体内における遺伝子発現の様子を明らかにしたり，あるいは着目する遺伝子の発現調節や遺伝子産物の機能について詳しく解析するための発現プラスミドの作製などに cDNA が利用される．RNA は DNA と比べて分解されやすく，とくに生物材料が死んでしまうと内在性の RNase によっても分解されたり，実験者の汗などに由来する RNsae によって分解されたりするので，十分な注意が必要である．RNA 抽出のためには生物材料をできるだけ迅速に，液体窒素やドライアイス−アルコール液で凍結し，外部からの RNase の混入を極力防いだ環境で抽出操作を行う．また，抽出した RNA に DNA が混入していると，RNA の解析や利用の妨げとなるので，抽出した RNA を DNase で処理する．市販の抽出キットには，DNA の混入がほとんどないとするものもあるが，念には念を入れて DNase 処理を行うのがよい．

ⓐ totalRNA

　グアニジンイソチオシアネート液やフェノールを加えて急速に細胞を溶解するとともに，RNase を変性・不活化させる．RNA は，塩化セシウム液に重層して超遠心にかけ，密度の大きい RNA を沈殿させて回収する．あるいは，酸性緩衝液（酢酸ナトリウム−トリス（pH5.2））で飽和したフェノールを用いて RNA を抽出する．精製にはエタノール沈殿を利用する．このように調製した RNA には mRNA 以外に rRNA や tRNA などほとんどの RNA が含まれるので，精製した RNA を totalRNA という．現在は，totalRNA を抽出するためのキットが市販されている．キットには，フェノールを含む試薬を使うものと，イオン交換樹脂などを使ってカラム精製するものなどがある．必要な溶液などがセットされているので，少量の RNA を調製する場合はキットを利用する方が便利になってきた．

ⓑ ポリ（A）RNA

　mRNA は totalRNA のうちの約 5％程度で，細胞の中の RNA のほとんどは rRNA と tRNA である．cDNA ライブラリー作製などの目的では，mRNA のみを単離した試料を調製する必要がある．この目的には，mRNA の 3′ 末端に付加されるポリ（A）を利用する．抽出した RNA をオリゴ（dT）カラム（オリゴ（dT）を固相化したセルロースなどの樹脂を使う）に通すとポリ（A）部分がオリゴ（dT）と水素結合するので，ポリ（A）をもつ mRNA がカラムにトラップされる．一方，rRNA や tRNA はポリ（A）がないのでトラップされずに素通りする．オリゴ（dT）に結合した mRNA のみを回収し，mRNA として利用する．原理から，

用語　＊PEG 沈殿…ポリエチレングリコールに水和水を奪われると DNA やタンパク質が不溶化して析出する．これを利用してファージやウイルスの粒子を濃縮する．

調製した mRNA をポリ(A)-RNA ということもある．

c リボヌクレアーゼ（RNase）

遺伝子工学では，分解されていない RNA を必要とする実験操作が多い．そのために最も避けなければならないのが RNase による分解である．抽出・精製過程で RNase による RNA の分解を防ぐための主な注意点は以下の通りで，それぞれの研究室の設備に合わせて工夫する．

①使い捨てグローブを着用する．
②できるだけ無菌操作（空気中のほこりや細菌の器具への付着を防ぐ）で行う．
③できるだけプラスチック製の使い捨て器具（RNase フリー）を使用する．
④ガラス器具は，再利用する前に乾熱滅菌する．
⑤プラスチック製器具の再利用では，DEPC 処理水に浸した後，できればオートクレーブで滅菌する．
⑥使用する器具・試薬は，RNA 実験（抽出・精製など）専用のものを使う．
⑦溶液は DEPC 処理水を使って調製する．
⑧実験作業台に仕切りを立てるなどして，エアコンなどの風が直接当たらないようにする．

2-3 核酸の検出と定量

A 核酸の染色（検出）

電気泳動後の DNA や RNA を検出するには，通常，エチジウムブロミドなどインターカレーターを利用した染色法を用いる．アガロースゲルやポリアクリルアミドゲルをエチジウムブロミド溶液中に浸した後，紫外線を照射してオレンジ色（約 600 nm）の蛍光を検出する．蛍光をカットフィルター越しに写真撮影して，電気泳動の結果を保存する．

RNA や一本鎖の DNA も，分子内に形成した二次構造（二本鎖部分）にエチジウムブロミドがインターカレートするので検出できるが，二本鎖の場合と比較して感度は低い．また，変性剤によって二次構造をもたない RNA（完全な一本鎖の状態）を電気泳動した場合は，電気泳動後にゲルから変性剤を除去する必要がある．

エチジウムブロミドの極大吸収波長（約 300 nm）で励起すると DNA に結合していない遊離エチジウムブロミドも蛍光を出すため，バックグラウンドが高くなる．照射波長を 260 nm にするとバックグラウンドが消え，きれいな DNA バンドを検出することができる．ただし，260 nm の紫外線を長く照射すると DNA が損傷するので，ゲルから DNA などを抽出する作業などでは注意が必要である．

B 核酸の定量

DNA や RNA などの核酸は，260 nm 付近の紫外線をよく吸収する（図 2.2）．これは，核

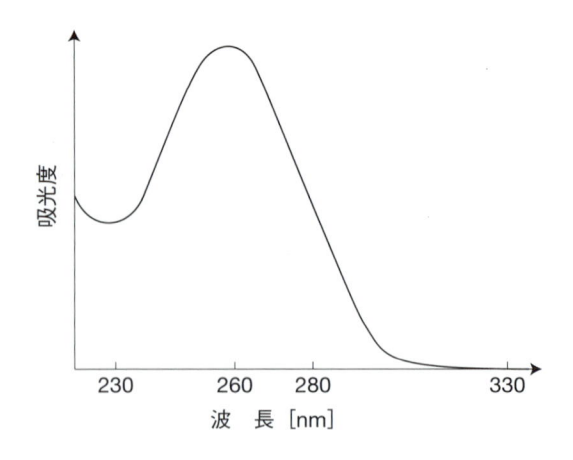

図2.2 核酸（DNA・RNA）の紫外線吸収曲線

酸を構成する塩基が260 nm付近（A：259 nm, T：267 nm, G：253 nm, C：267 nm）に極大吸収（吸収ピーク）をもつためである．この特徴を利用して，精製した核酸を緩衝液か水に溶解後，分光光度計で紫外部吸収を測定して濃度を定量することができる．光路長が1 cmのキュベットで測定した場合，260 nmに対する吸光度が1.0（OD_{260}=1.0）であれば，DNA溶液の濃度が50 µg/mL，RNAの場合は40 µg/mLとなる．プライマーなどオリゴヌクレオチドは，おおむね33 µg/mLとして算出できる．核酸の吸光度は構造に影響を受け，二本鎖より一本鎖の吸光度が高くなる．また，塩基ごとに吸収ピークが異なるので長さや塩基組成によっても影響を受け，とくに長さの短いオリゴヌクレオチドの場合は，33 µg/mLから多少変動することがある．

吸光度は核酸溶液の純度（精製度）を評価する指標にもなる．核酸の吸光ピークが260 nmに対してタンパク質が280 nmであることから，吸光度比（OD_{260}/OD_{280}）を求めれば，タンパク質混入の様子がわかる．純度の高い溶液では，DNAの場合が$OD_{260}/OD_{280} \geq 1.8$程度，RNAで$OD_{260}/OD_{280} \geq 2.0$で純度が高いと判断でき，これより小さい値であればタンパク質が混入した純度の低い溶液といえる．タンパク質以外に，ペプチド，フェノールなどの有機溶媒，バッファーに含まれるトリスやEDTAなども吸光度に影響し，試料の吸光スペクトルから不純物の混入がある程度予想できる．純度の高い核酸溶液では，OD_{260}/OD_{280}以外に，$OD_{260}/OD_{230} \geq 1.8 \sim 2.0$，$OD_{330}$はほぼ0となる．

2.4 電気泳動

ゲル電気泳動法（図2.3）は核酸の分離分析によく利用されている．適当な支持体（担体）中に電流を流すと，負電荷をもつ核酸は陰極側から陽極側に移動する．核酸の負電荷は，核酸の骨格を構成するリン酸基による．最も一般的な支持体はアガロースゲルやポリ

アプライした試料
アガロースゲル
電気をかける
長さに応じて分離できる

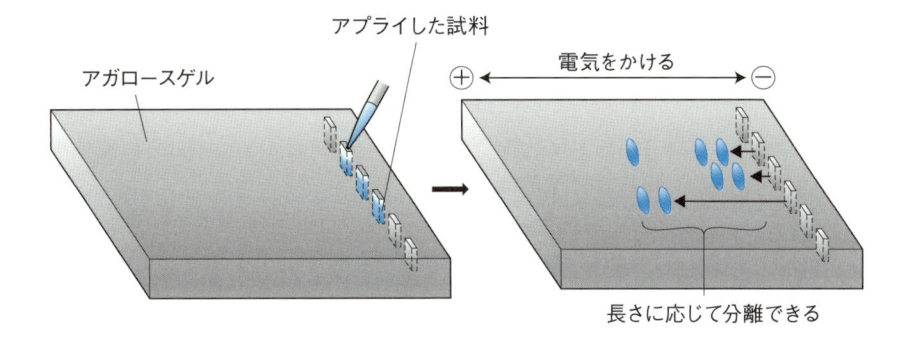

図2.3 DNAの電気泳動

アクリルアミドゲルで，これらを使った電気泳動をそれぞれアガロースゲル電気泳動，ポリアクリルアミドゲル電気泳動とよぶ．支持体の中は網目状になっていて，核酸はこの中を陽極側に引っ張られるように移動し，分子ふるい効果によって分離される．ゲル中を移動する核酸のスピード（移動度）は，核酸の長さに依存し，短い核酸ほど移動度が大きくなるので速く移動する．逆に長い核酸ほど移動度が小さくなる．移動度と長さの間に直線的な関係が成り立つが，その範囲は移動するゲルの濃度によって異なるので，調べたい長さの核酸に適したゲル濃度で電気泳動を行う必要がある．また，分離の精度はゲルの種類や濃度などに依存するが，1塩基の長さの差を検出することも可能で，塩基配列決定法に応用されている．網目の大きさ（ポアサイズ）はアガロースゲルの方がポリアクリルアミドゲルより大きいので，アガロースゲルは長い高分子の核酸の分離に適していて，ポリアクリルアミドゲルは短い低分子の核酸に適している．

長さに応じて移動度が直線的に変化するのは，直鎖状の核酸を試料とした場合で，分子内で相補鎖を形成したRNAや環状DNAなど高次構造をとる核酸を試料とした場合は，移動度が直鎖状で予想される移動度からずれる．一般には，構造がコンパクトなほど移動度が大きくなる．環状DNAを試料としたときは，ocDNA（開環状DNA）と比べcccDNA（閉環状DNA）の方が速く移動する．また，RNAを長さで正確に分離するために，変性剤（尿素やホルムアミドなど）をゲルに加えてRNAを一本鎖の状態にして電気泳動する．

移動度と長さの基準としてさまざまなサイズマーカーが市販されていて，100 bpマーカー（100 bpの整数倍）や1 kbマーカー（1 kbの整数倍），あるいはファージDNAやプラスミドDNAの制限酵素断片などがよく利用されている．

A アガロースゲル電気泳動法

アガロースは主に100〜200塩基対以上の核酸の電気泳動に適している．DNAの電気泳動にはアガロースゲル電気泳動を用いることが多い．アガロースゲルは，オートクレーブや電子レンジを使ってアガロースの粉末をTAEまたはTBE緩衝液中で溶かし，ゲル作製

用のトレイに流し込み固めて作製する．固めたゲルを泳動用緩衝液中に沈めて電気泳動するサブマリン型電気泳動が一般的に用いられており，サザンブロットハイブリダイゼーション法やノーザンブロットハイブリダイゼーション法に利用される．また，電気泳動後にゲルからDNAやRNAを抽出して実験試料にすることも可能で，ゲルからの核酸抽出用キットが市販されている．

B　ポリアクリルアミドゲル電気泳動法

　アクリルアミドを重合させてつくったポリアクリルアミドゲルを使用した電気泳動で，省略してPAGE（polyacrylamide gel electrophoresis）とよんでいる．アガロースと比べて分子ふるい効果が大きいので，短い低分子量の核酸を分離するのに適していて，長さを1塩基の差まで分離する必要がある塩基配列決定法（シークエンシング）に用いられる．通常2枚のガラス板をスペーサーを挟んで重ね合わせ，できた隙間（1～数mm）にアクリルアミド：Bis混合液を流し込み，過硫酸アンモニウムとTEMEDで重合させてゲルを作製し，ゲルの上下に泳動槽をセットして行うスラブ型電気泳動が一般的な方法である．ゲル濃度やアクリルアミド：Bisの混合比は分離の精度に影響する．また，酸素は重合を阻害するので，均一なゲルを作製するため重合前に真空ポンプなどを使用して脱気するとよい．

C　パルスフィールドゲル電気泳動法（PFGE）

　1万塩基対程度までの長さであれば，アガロースゲル電気泳動やポリアクリルアミドゲル電気泳動で分離できるが，それ以上の長さのDNAに対しては分子ふるい効果が得られず，分離できない．そこで，数万塩基対以上の非常に長いDNAを分離するために，パルスフィールドゲル電気泳動法が開発された．この方法は，支持体を流れる電流の向きを定期的（パルス的）に変化させる方法で，巨大なDNA分子はそのパルスのたびに方向転換しながら移動する．支持体として一般にはアガロースを使う．DNAが長いほど移動する向きの方向転換が遅くなるので，分子ふるい効果が小さい巨大DNAでも，少しずつ移動度の差が認められるようになる．たとえば，酵母染色体などに含まれる巨大DNAをそのまま電気泳動にかけて分離することも可能である．ただし，巨大DNA分子は物理的に分断されやすく，通常用いられているDNA抽出・精製法ではDNAがランダムに分断されてしまうため，注意が必要である．物理的な分断を避ける必要がある実験では，DNAを細胞から抽出せず，細胞を低融点アガロースに包埋した状態でタンパク質分解を行ったり，必要に応じて制限酵素処理などを行ってPFGEに用いるのが一般的である．電流の向きの転換には，単純に電流の向きを反転させるものや，2方向に角度をつけて電流を交互に流すものなどさまざまな様式がある．ゲノムシークエンス解析には，巨大DNAの分離が不可欠だったので，PFGEが非常に有効に利用された．

D　キャピラリー電気泳動法

　DNA試料を毛細管（キャピラリー）に充填した溶液中を移動させて分離する方法で，ゲルのように固体の支持体を用いず溶液状態のまま電気泳動を行う（無担体電気泳動）．泳動するサンプルは微量で済み，高電圧をかけることができるので短時間に高い精度で分離できる．固体のゲルを使わないので毛細管をサンプルごとに交換する必要がなく，毛細管内の溶液をサンプルごとに洗い流すだけで別のサンプルの分析に使える．したがって，多数の試料を連続して分析することができることから，自動塩基配列解析装置（DNAシークエンサー）に応用されている．

E　変性剤濃度勾配ゲル電気泳動法（DGGE：Denaturing Gradient Gel Electrophoresis）

　二本鎖DNA中の部分的な塩基配列の違いを比較的容易に検出する方法で，変性剤の濃度勾配があるポリアクリルアミドゲルを用いて，一般には解析対象となる部分を増幅したPCR産物を電気泳動する．DNAは長さの違いだけでなく，変性しやすさの違いによってもバンドの現れる位置が変わる．DNAの変異や多型，微生物種の分離同定などに利用できる．変性剤の濃度勾配をつけず一定濃度の変性剤を用いて行うCDGE（Constant Denaturant Gel Electrophoresis）や，温度勾配を用いるTGGE（Temperature Gradient Gel Electrophoresis，温度勾配ゲル電気泳動法）なども，DNAの部分的な違いを検出する目的で用いられる．

2-5　PCRとRT-PCR

　分析の対象となるDNA断片を短時間で大量に増やすことは，遺伝子工学において非常に重要な技術である．1983年に開発されたPCR法は，DNAポリメラーゼの性質を効果的に利用した技術であり，遺伝子など目的とするDNA領域を指数関数的に，かつ試験管の中で増幅することを可能とした画期的な技術である．PCR法の開発当初はKlenow酵素を利用していたが，その後高熱性菌由来の耐熱性DNAポリメラーゼ（*Taq*ポリメラーゼ）を使うようになり，より迅速に，かつ容易にDNA断片を増幅できるようになった．今では，遺伝子やDNAを取り扱う研究室のほとんどにPCR法のための装置（サーマルサイクラー）が常備されるようになった．PCR法は，遺伝子検査・診断技術や未知の遺伝子の単離解析に飛躍的な進歩をもたらした．また，PCR法を基にした遺伝子解析技術も開発されていて，たとえば，逆転写反応とPCRを組み合わせたRT-PCR法は，mRNAの情報を得る目的で頻繁に利用されている．

A PCR法の原理

　二本鎖DNAを鋳型として行う基本的なPCR法の原理について説明する．増幅しようとする目的のDNA領域を決め，その両端の配列（二本のDNA鎖それぞれの3′末端の配列）に対して相補的な合成オリゴヌクレオチド（プライマー）を2種類用意する．プライマーは，長さが15から20塩基程度の一本鎖DNAで，化学合成したものを使う．反応液中には，増幅の基になる鋳型DNAと，鋳型に対して過剰量のプライマー，耐熱性DNAポリメラーゼおよび4種類のデオキシヌクレオシド三リン酸を加える．反応は1）熱変性（図2.4），2）アニーリング，3）伸長反応の3つのステップで構成される．反応温度を変化させて，熱変性から伸長反応までを基本（1サイクル）として，これを20〜40回くり返してDNAを増幅する．各ステップの一般的な内容は以下のようになる（図2.5）．

1) 94〜98℃で加熱し，鋳型DNAを変性させて一本鎖にする（熱変性）．
2) 熱変性後，反応液の温度を通常50〜65℃に下げて，一本鎖になった鋳型DNAにプライマーを相補的に結合（アニーリング）させる．鋳型DNAに対してプライマーが過剰量であれば，鋳型DNA同士が再会合するよりも先にプライマーが結合することになる．
3) 反応温度を70℃前後にし，プライマーを起点としてDNA鎖合成反応を進める（伸長反応）．よく使われる耐熱性DNAポリメラーゼ（Taq ポリメラーゼ）の伸長反応は，通常72℃で行う．

この一連の反応を1回行うことで，1分子のDNAから，2分子のDNA（コピー）が得られる．すなわち，熱変性から伸長反応までのステップを1サイクルとして，n回くり返すことで，1分子から2^n倍に目的のDNA断片を増幅することができる．各ステップは，一般的に数十秒〜数分間かかるので，理論的には1分子から10^6分子を増幅するのに数時間ほどですむ．

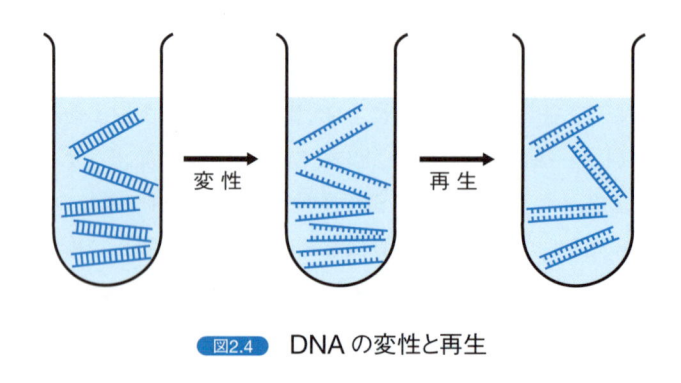

図2.4 DNAの変性と再生

図2.5 PCR法の原理

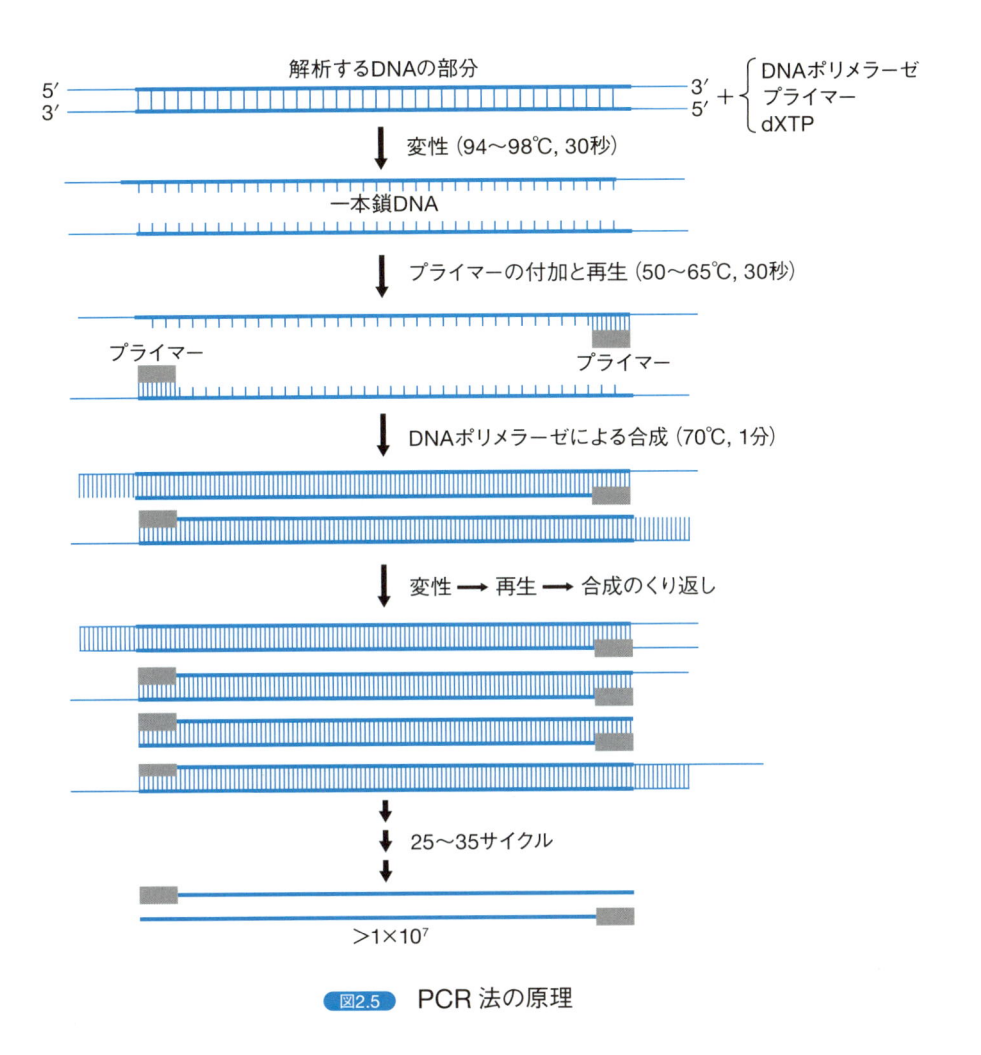

B PCRにおける非特異的増幅への対策

　PCRにおける非特異的増幅の問題は，プライマーの特異性だけでは解決しないことも少なくない．そのために，さまざまに工夫されたPCRの変法が考えられている．

a コールドスタートPCR

　PCR反応液を調製してから実際に反応サイクルを開始するまでの間に，耐熱性ポリメラーゼがはたらいてしまうことがある．プライマーなどを基点とした反応が進むために，非特異増幅の原因となる．これを避けるための最も簡単な方法で，PCRの反応液を調製してから反応をはじめるまで氷などで冷やしておき，最初の熱変性がはじまる直前にサーマルサイクラーにセットする．

b ホットスタート PCR

PCR反応液調製後の非特異的な反応を抑えるための方法で，コールドスタートよりも確実に非特異的反応を抑えることができる．耐熱性ポリメラーゼに対する中和抗体を酵素に結合させておくと，常温下で酵素活性が抑えられるので，非特異的な反応を抑えることができる．抗体は最初の変性ステップで失活するので，PCRの結果には影響しない．

c ネステッド（Nested）PCR

はじめに標的配列の両端に設計したプライマー（第1のプライマー）でPCRを行い，得られた増幅断片を鋳型として，最初のプライマー位置より内側に設計したプライマー（第2のプライマー）でPCRを再度行う2段階のPCR法である．仮に第1のプライマーで非特異的な増幅断片が得られた場合は，標的配列に特異的な第2のプライマーでさらに増幅される可能性は低い．したがって，非特異的増幅によるノイズを低減することができる．

d タッチダウン PCR

アニールの温度を初期のサイクルでは高めに設定しておき，サイクルごとに徐々に温度を下げていくPCR法．初期の反応サイクルでアニーリング温度を高く設定すると，はじめは増幅効率が低いものの，特異性の高い増幅が期待できる．鋳型となるべき配列がある程度増えたところで，アニーリング温度を下げて増幅効率を上げるので，非特異的増幅のノイズを低減することができる．

e ステップダウン PCR

2ステップサイクル（アニーリングのステップを省略して，熱変性-伸長反応のステップをくり返すPCR）の応用で，伸長反応の温度を数サイクル毎に下げていく方法．PCRの結果スメアが出やすい場合，この方法を用いると標的配列の特異的な増幅が期待できる．

微量の核酸を同定したり，遺伝子工学に利用できるように特定のDNA材料を増やすのに非常に便利な方法である．たとえば，血液中に微量に存在するウイルスを同定するのに，血液中から全核酸を調製し，これを材料としてウイルスに特異的なDNAフラグメントをプライマーにすれば，短時間のうちにウイルスDNAの特定の部分を増やしてウイルスが存在するかどうかの同定が可能となる．

C RT-PCR

RT-PCR（Reverse Transcription-PCR）はmRNAを試料（鋳型）として行う増幅法で，①逆転写酵素によるcDNAの合成と，②cDNAを鋳型としたPCRの2種類の反応を組み合わせたものである（図2.6）．

① mRNAを鋳型として逆転写酵素により最初のcDNA（1st strand）を合成する．RNaseHによってRNAを分解してPCR用の鋳型を調製する．逆転写のためのプライマーとして目的とする遺伝子に対する特異的プライマーを利用するか，試料に含まれるmRNA

①逆転写反応

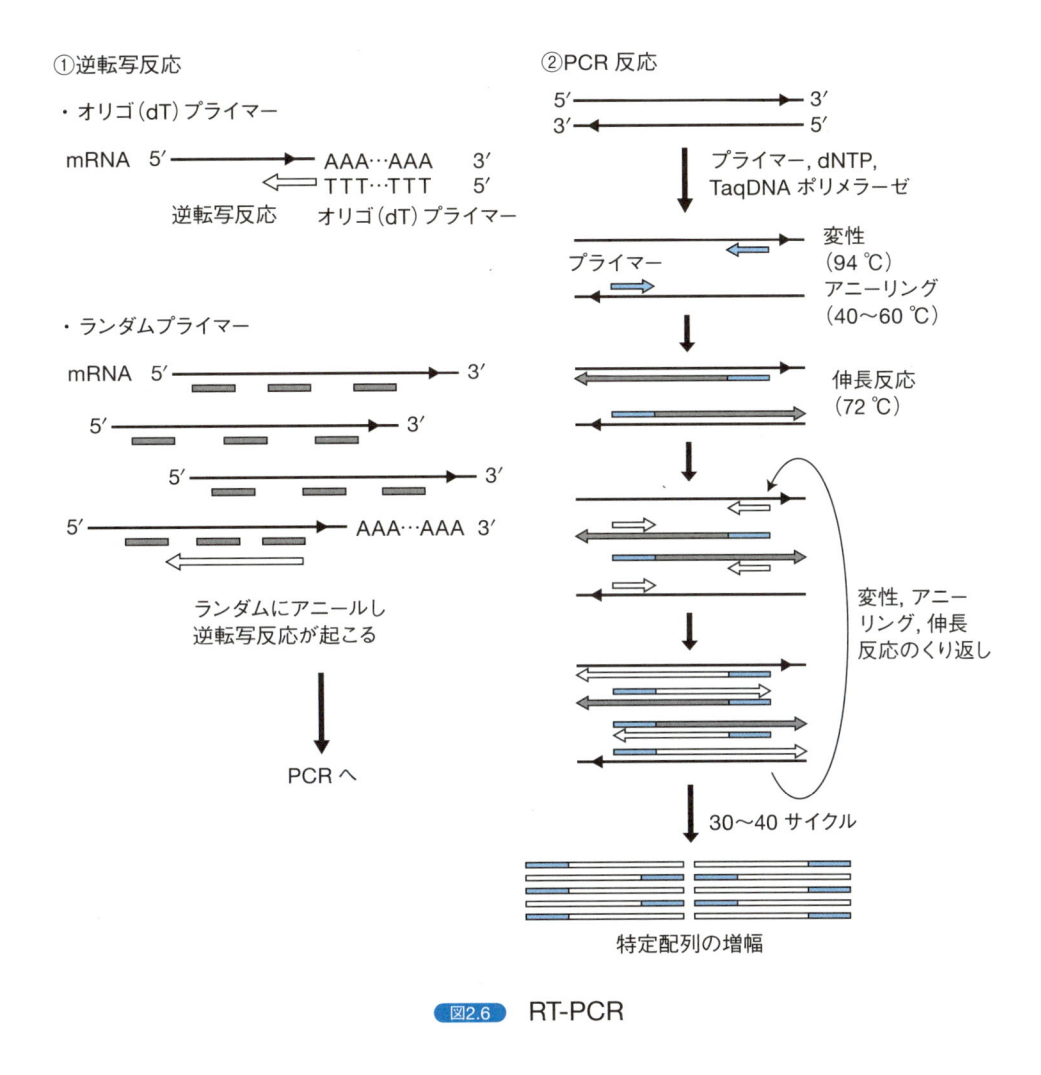

・オリゴ(dT)プライマー

mRNA 5'―――――――→ AAA…AAA 3'
　　　　　　　　　　⇐ TTT…TTT 5'
　　　　　　逆転写反応　　オリゴ(dT)プライマー

・ランダムプライマー

mRNA 5'―――――――――――→ 3'

5'―――――――――――→ 3'

5'―――――――――――→ 3'

5'――――――――AAA…AAA 3'
　　　　　　　　　⇐

ランダムにアニールし
逆転写反応が起こる

↓

PCR へ

②PCR反応

5'―――――――→ 3'
3'←――――――― 5'

↓ プライマー, dNTP, TaqDNAポリメラーゼ

変性 (94℃)
アニーリング (40〜60℃)

伸長反応 (72℃)

変性, アニーリング, 伸長反応のくり返し

↓ 30〜40サイクル

特定配列の増幅

図2.6 RT-PCR

すべてを DNA として増幅する場合には，汎用プライマー（オリゴ(dT)プライマー，6塩基からなるランダムプライマー）を用いる．mRNA の代わりに totalRNA を鋳型として用いる場合もある．発現量が少ない遺伝子の解析に利用する場合などには，totalRNA を用いた方が良好な結果を得る場合がある．

②逆転写酵素によって合成された最初の cDNA（1st strand）を鋳型として，目的の DNA を PCR によって増幅する．

RT-PCR には，上記①と②の2つの反応ステップで行う方法（ツーステップ RT-PCR）と逆転写反応から PCR まで1本のチューブで行うことができるワンステップ RT-PCR 法の2つのタイプがある．

ワンステップ RT-PCR 法には，逆転写活性をもつ耐熱性 DNA ポリメラーゼ（たとえば，好熱菌酵素 Tth DNA ポリメラーゼ）を使う場合と，逆転写酵素と耐熱性 DNA ポリメラーゼの混合溶液を使う場合がある．実験目的に合わせてどちらかの方式を選ぶ．たとえば，

解析対象の遺伝子数が多い場合には，汎用プライマーを用いたツーステップ RT-PCR が適しているが，サンプル数が多い場合には，作業が繁雑にならないワンステップ RT-PCR を用いた方が得策である．また，低発現の遺伝子の検出には，特異的プライマーを用いるワンステップ RT-PCR の方が有効なことがある．RT-PCR による遺伝子の検出や DNA 増幅で問題になるのは，ゲノム DNA の鋳型とする mRNA または totalRNA への混入である．結果として，ゲノム DNA 由来の DNA 断片が増幅されてしまい，解析結果を誤って解釈してしまいかねない．これを避けるために，RNA 試料を DNase で前処理することが望ましい．また，イントロンを挟んだプライマーを作製したり，あるいはエキソン-エキソン間をまたがるプライマーを作製するなどして，増幅された断片が RNA またはゲノム DNA 由来なのか明確に区別できるようにするなどの工夫が必要である．

D 定量 PCR（Q-PCR）

　増幅前の鋳型となる DNA などの量を測る方法で，目的の遺伝子配列が何コピー存在するのかを調べる実験などに利用する．定量 PCR には，増幅断片の検出方法によって 3 種類ある．

a アガロースゲル電気泳動による定量 PCR

　定量 PCR のうち最も簡単な方法だが，定量性は他の方法と比べて低い．鋳型のおおよその量（コピー数）を測る目的で使うことが多い．濃度既知の DNA 試料を標準試料として，未知の試料と同時に，できるだけ同じ条件で PCR を行い，標準試料から得た増幅断片に対して未知試料から得た増幅断片の相対的な量をアガロースゲル電気泳動後に染色して定量する．

b リアルタイム PCR（Real-time PCR）

　特定の DNA や遺伝子のコピー数を測定する定量 PCR の 1 つで，精度の高い方法．PCR によってどれだけの DNA 断片が増幅したかを経時的（リアルタイム）に測定し，増幅率に基づいて鋳型となる目的の部分（DNA 配列）のみを対象にしてそのコピー数を定量することができる．専用の装置を用いる．定量には蛍光色素を用いて行われ，(1) インターカレーション法と (2) ハイブリダイゼーション法（TaqMan プローブ法，FRET プローブ法），(3) LUX プライマー法がある．

1 インターカレーション法（図 2.7A）

　インターカレーター（SYBR®Green などの蛍光物質）が，PCR 産物（二本鎖 DNA）に結合して発する蛍光量を測定する方法で，リアルタイム PCR の他の方法と比べ，安価で手軽にできる．ただし，プライマー二量体など目的とする配列以外の非特異的な PCR 産物も検出してしまうので，目的の配列のみが増幅されるように特異性の高い PCR の条件を決める必要がある．

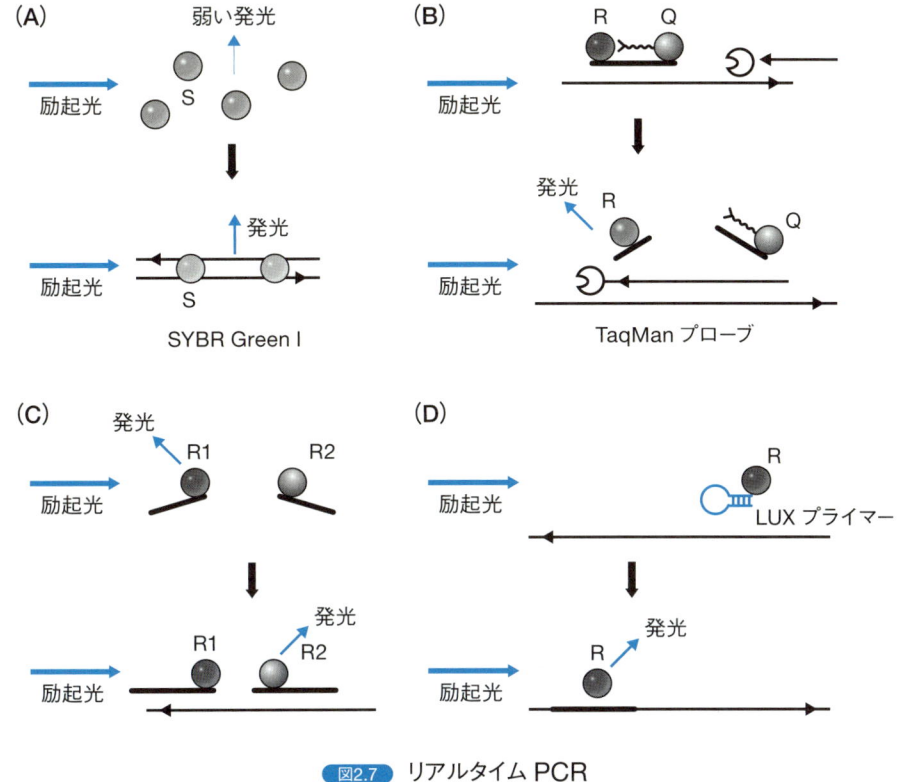

図2.7 リアルタイム PCR
S：SYBR Green I, R：リポーター色素, Q：クエンチャー色素

2 ハイブリダイゼーション法（図 2.7B, C）

TaqMan プローブ法は，目的とする配列に特異的なオリゴヌクレオチドの 5′ 末端に蛍光物質 R で，また 3′ 末端にクエンチャー（蛍光を消光させる物質 Q）で修飾（標識）したものをプローブとして用いる．十分に短いプローブをつくることで，5′ 末端の蛍光物質は 3′ 末端のクエンチャーによって蛍光が消光した状態となる．PCR 反応中，アニーリングのステップで，それまでに増幅した PCR 産物に TaqMan プローブと PCR 用のプライマーをハイブリダイズさせ，次の伸長反応が進む過程で *Taq* ポリメラーゼのもつ 5′→3′ エキソヌクレアーゼ活性により，ハイブリダイズしている TaqMan プローブが分解される．その結果，蛍光物質とクエンチャーの距離が離れるので蛍光を発するようになる．これを検出して PCR 産物の量を定量する．

一方，FRET（蛍光共鳴エネルギー移動）プローブ法は，目的 mRNA に特異的な 2 本のオリゴヌクレオチドのうち，一方の 3′ 末端と他方の 5′ 末端をそれぞれ異なる蛍光物質 R1 と R2 で修飾してプローブとする．両者が PCR 産物に同時にハイブリダイズすると一方の蛍光物質 R1 からの蛍光によって他方の蛍光物質 R2 が励起さ

れて発する蛍光を測定し，蛍光量に基づいて目的の PCR 産物の量を定量する．ハイブリダイゼーション法では特異的蛍光プローブを用いるため，インターカレーション法と異なり，プライマー二量体など非特異的な増幅断片は検出しない．また，複数のプローブを異なる蛍光物質で標識しておけば，マルチプレックス解析を行うことも可能である．

③ LUX（Light Upon extension）プライマー法（図2.7D）

ヘアピン構造をとるように設計した蛍光（LUX）プライマーと未標識のプライマーの 2 本で PCR を行う方法．LUX プライマーはヘアピン構造を取っているときは消光しているが，PCR 産物に取り込まれると蛍光を発する．この蛍光を測定して PCR 産物量を定量する．特異性の点でインターカレーション法より優れていて，ハイブリダイゼーション法よりは安価である．

c 定量 RT-PCR（quantitative reverse transcription PCR）

リアルタイム PCR を RT-PCR と組み合わせることで微量の mRNA を特異的に定量することができる．通常の RT-PCR 同様，ワンステップとツーステップの 2 つの方式がある．ワンステップは，リアルタイム PCR 用装置の中で逆転写反応から定量までを行う方法で，あらかじめ逆転写酵素で調製しておいた cDNA を用いて行うのがツーステップである．ワンステップの方が，逆転写反応と DNA 増幅に用いるプライマーが同じであるため，サンプルの移し替えの回数が減る，また，コンタミネーションの機会が少なくなるので簡便である．微量な RNA を検出・定量する場合にはワンステップの方がよい．

mRNA の定量法には絶対定量法と相対定量法がある．絶対定量法は，濃度のわかっている目的とする産物の DNA または RNA の希釈系列を用いて作成した検量線から，コピー数が未知の試料について算出する方法である．一方，相対定量法は，すべてのサンプルで安定して発現していると仮定できるリファレンス遺伝子と同時に目的遺伝子を解析し，リファレンス遺伝子に対する目的遺伝子の相対的な発現量を測定する方法である（図2.8）．

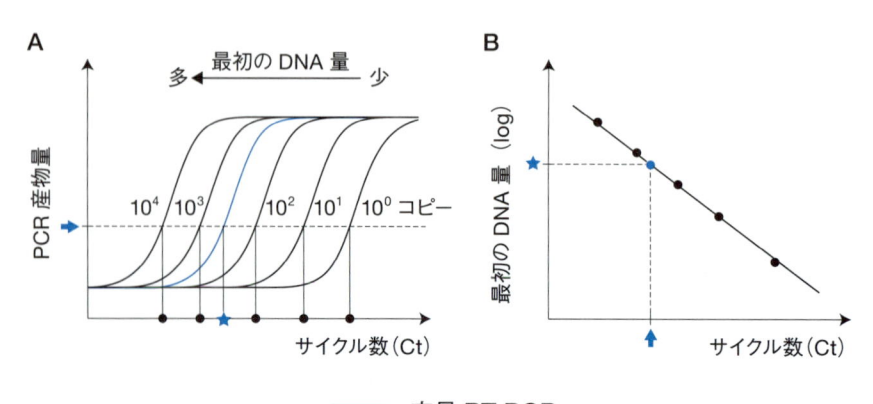

図2.8 定量 RT-PCR

E *in situ* PCR

組織標本上の遺伝子が発現している場所で直接 PCR を行う方法．高感度に遺伝子発現の分布を空間的に調べることができる．ジゴキシゲニン標識などを利用した免疫組織化学的方法で，増幅産物を検出する．

F PCR のプライマー設計

PCR に用いるプライマーを設計（デザイン）する際，注意すべきパラメータを以下にあげる．

1. 増幅断片の長さ

   通常の PCR では，約 100～数千 bp 程度の配列を標的として増幅するが，リアルタイム PCR では，100 前後の短い断片を増幅するようにプライマーを設計する．

2. プライマーの長さ

   長すぎると合成が難しく，短すぎると特異性が低下する．普通，15～25 塩基程度の長さのプライマーを用いる．

3. GC 含量

   配列中の GC 含量が 40～60％で，塩基組成の偏りがないようにする．AT リッチな配列では，プライマーと鋳型 DNA が安定して結合できず，逆に，GC リッチな場合は非特異的な増幅が増える．

4. 3′末端の配列

   安定な塩基対を形成するために 3′末端の塩基は G または C にするのがよいが，3′末端近傍の GC 含量が高すぎると，非特異的に増幅しやすくなる．

5. 配列の偏り

   同じ塩基が連続していたりくり返し配列が含まれると，標的配列以外の配列にアニーリングしやすくなる．

6. プライマーどうしの相補性

   プライマーの内部や 2 つのプライマー間で 3 塩基以上の相補鎖を形成できる配列が含まれないように注意する．とくにプライマーの 3′末端配列どうしが相補するような配列では，プライマーダイマーが形成される可能性が高くなる．

7. T_m 値

   PCR に使う 2 つのプライマー（上流プライマー，下流プライマー）の T_m 値の差が 2℃以下であることが望ましい．2 つのプライマーの T_m 値が異なると，最適なア

ニーリング温度の設定が困難になる.

8 特異性

標的配列以外に増幅可能な配列がないのが好ましい.

2.6 ハイブリダイゼーション

A ハイブリダイゼーションの原理

　二本鎖 DNA は熱やアルカリの処理により変性して一本鎖となる．DNA の**変性**は塩基対を形成する水素結合が解離して起こる可逆的な変化で，熱変性の場合は温度を下げることで，アルカリ変性の場合は中和することで二本鎖に戻る．これを**再生**（再会合）とよぶ．DNA 二本鎖の塩基配列の相同性が高いほど変性が起こりにくく，逆に再生しやすい．したがって，2 種類の二本鎖 DNA を 1 つの溶液中で変性させた後で再生させる場合，異種の DNA 同士であっても相同性があれば二本鎖を形成することが可能である．このような異種 DNA 間の会合を**ハイブリッド形成**といい，この原理を利用して DNA 間の相同性を調べる実験をハイブリダイゼーション実験とよぶ.

　ハイブリダイゼーション実験の対象は，DNA‐DNA，DNA‐RNA および RNA‐RNA のどの組み合わせでもよい．ハイブリダイゼーション実験は，一般に，標的となる特定の配列のすべてまたは一部に対して相補的な一本鎖 DNA または RNA をもとに作製した標識プローブを用い，これに対する相補性の高い領域（配列）を特定することで，標的配列の

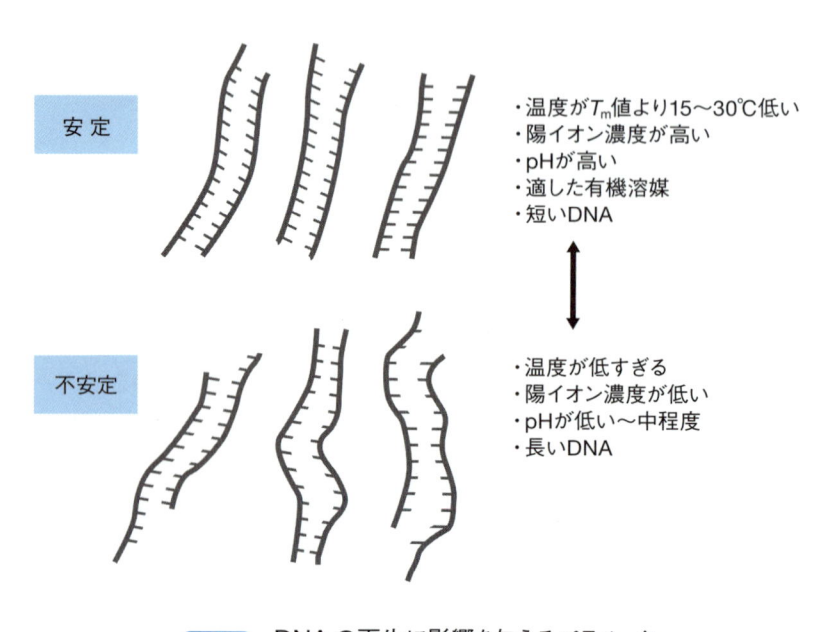

安定
・温度が T_m 値より 15〜30℃ 低い
・陽イオン濃度が高い
・pH が高い
・適した有機溶媒
・短い DNA

不安定
・温度が低すぎる
・陽イオン濃度が低い
・pH が低い〜中程度
・長い DNA

図2.9　DNA の再生に影響を与えるパラメータ

同定などに利用する．標識には放射性同位元素や蛍光物質，あるいはジゴキシゲニン（DIG），アルカリホスファターゼなどが用いられる．ハイブリダイゼーションを利用する実験として，サザンブロットハイブリダイゼーション，ノーザンブロットハイブリダイゼーション，*in situ* ハイブリダイゼーションがある．

B ハイブリダイゼーションに影響するパラメータ

　DNA の再生（再会合）に影響する主な 4 つのパラメータは，①温度，②pH，③一価陽イオン濃度および④有機溶媒である（図 2.9）．

① 温度：温度を上昇させて二本鎖 DNA を徐々に変性させるとき，二本鎖の状態と一本鎖の状態が 1：1 で存在する温度を融解温度（T_m）とよぶ．一本鎖を二本鎖にするハイブリッド形成は T_m より約 15〜30℃ ほど低い温度が適している．これより低くなると，相補性が低い非特異的なハイブリッドが形成されてしまう．

② pH：pH5〜9 の範囲では，再会合率にほとんど影響はないが，pH を高くすることで高いストリンジェンシー*でハイブリダイゼーションを行うことができる．

③ 一価陽イオン：2 本の一本鎖 DNA 同士は，リン酸基がもつ負電荷によって反発し合うが，溶液中の陽イオン濃度が高くなると，負電荷が相殺されるので会合しやすくなる．普通，ハイブリダイゼーションの反応液には塩化ナトリウムが 0.15〜1 M の範囲で加えられる．1 M NaCl では特異性の低いハイブリッドを形成しやすく，低濃度になると非特異的な会合を抑制することができる．遊離二価陽イオンが存在すると二本鎖 DNA の安定性が増すため，ハイブリダイゼーションの妨げとなるので，クエン酸や EDTA などによって除去する必要がある．

④ 有機溶媒：ホルムアミドなど有機溶媒によって二本鎖 DNA の熱安定性が低下する．ホルムアミド存在下ではより低温条件でのハイブリダイゼーションを行うことが可能となる．二本鎖 DNA の T_m は，ホルムアミド濃度が 1% 高くなるごとに 0.72℃ 低下する．また，ホルムアミド存在下では，再会合率も減少する．

　ハイブリダイゼーションに影響するパラメータとして，上記 4 つのパラメータ以外にも以下のようなものがある．

⑤ 溶液中での再会合速度は一本鎖 DNA の長さの平方根に比例するので，長い DNA を用いるとハイブリダイゼーションの速度が速くなる．また，DNA が短いほど形成するハイブリッドの安定性は低くなる．

⑥ 2 種類の一本鎖 DNA の間で最初に数塩基対が形成（ヌクリエーション）されると，その後ジッパーを閉じるように次々と塩基対が形成される．一本鎖 DNA の濃度は，ヌクリエーション反応の速度に影響するので，ハイブリダイゼーションの速度を決めるパラメータである．

用語 *ストリンジェンシー（stringency：厳密さ）…ハイブリダイゼーションにおいて相補鎖を形成するために，2 本の DNA（または RNA）鎖の配列がどの程度一致する必要があるのかを示す用語で，温度，塩濃度などの影響を受ける．ストリンジェンシーが低くなる条件では，多少塩基配列が異なっていても相補鎖を形成してしまう．

⑦水和度の非常に高い硫酸デキストランが存在すると，DNA は水和する水分子を失うので会合しやすくなり，ハイブリダイゼーション速度が上昇する．
⑧ハイブリダイゼーションの速度と形成したハイブリッドの熱安定性は，塩基対にミスマッチがあることによって低下する．
⑨非特異的なハイブリッド形成によるバックグラウンドを除去するために，ハイブリダイゼーションの反応後の洗浄に用いる溶液の塩濃度を低くする．塩濃度が低いほど，また洗浄温度が高いほど，洗浄のストリンジェンシーが強くなる．
⑩ハイブリッドを形成する DNA に相補的な配列をもつ別の DNA が存在すると，競合によって目的とするハイブリッドの形成が阻害される．

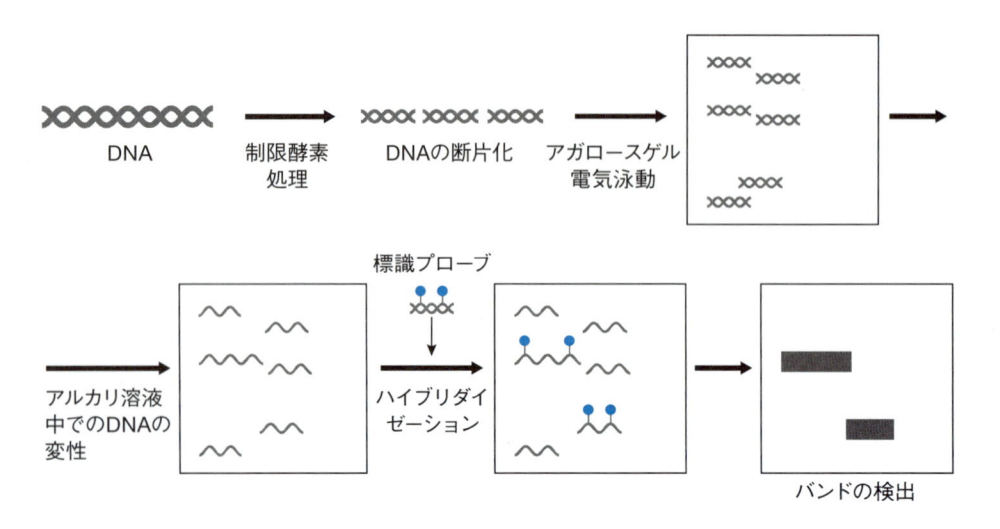

C サザンブロットハイブリダイゼーション

試料とする DNA 中の特定配列の同定などを目的として行う実験である（図 2.10）．たとえば，ゲノム DNA を試料とする場合の原理は，以下のようになる．

ゲノム DNA を適当な制限酵素で切断したのち，アガロースゲル電気泳動で DNA 断片を分離する．ゲルをアルカリ（NaOH）に浸して，ゲル中の DNA 断片（二本鎖）を変性して一本鎖にする．このアルカリ溶液に浸しながら，毛細管現象を利用して一本鎖の状態の DNA 断片をメンブレンフィルター（ニトロセルロースメンブレンまたはナイロンメンブレン）に転写する．この転写のステップをブロッティングという．転写した DNA 断片をメンブレンに固定するために，メンブレンに紫外線を照射するか，あるいはメンブレンを熱処理する．メンブレンが露出している部分，すなわち DNA 断片が固定された面以外の部分に変性させたサケ精子 DNA などを吸着させる（ブロッキング）．このステップをプレハイブリダイゼーションともいい，標識プローブがメンブレンに非特異的に結合するのを防ぎ，バックグラウンドを下げる効果がある．このメンブレンを標識プローブ（一本鎖 DNA

図2.10 サザンブロットハイブリダイゼーション

またはRNA）の溶液に浸してハイブリッドを形成させる．メンブレンを洗浄して，ハイブリッドを形成していない標識プローブを除去した後，標識プローブを適当な方法で検出し，ゲノムDNA中のどの断片（領域）に目的の配列が含まれるのかを同定する．標識プローブの検出には，オートラジオグラフィーなどを利用する．

D　ノーザンブロットハイブリダイゼーション

試料となるRNA中に含まれる特定の配列をもったmRNAなどを検出する方法で，特定の遺伝子について発現の有無や発現量を調べるのに利用する（図2.11）．基本的な原理は，サザンブロットハイブリダイゼーションと同様である．組織や細胞から抽出したRNAを変性条件下で電気泳動する．分離したRNAをメンブレンに毛細管現象を利用して転写する．メンブレンを標識プローブ溶液に浸してハイブリッドを形成させ，標識プローブが結合したRNAをオートラジオグラフィーなどによって検出する．

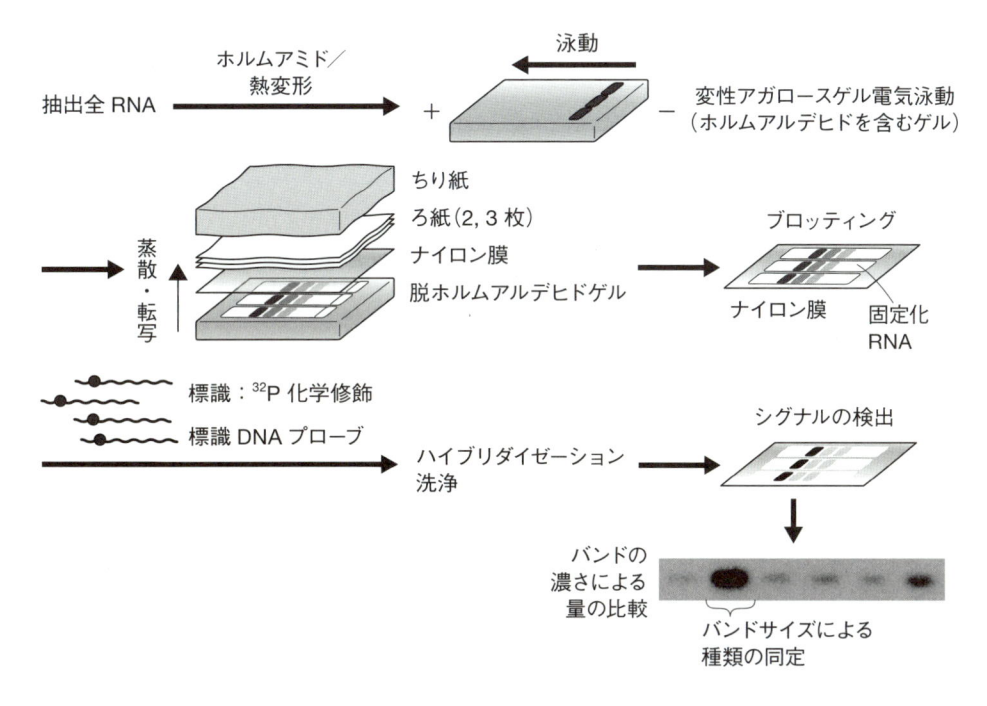

図2.11　ノーザンブロットハイブリダイゼーション

E　*in situ* ハイブリダイゼーション（ISH）

in situ ハイブリダイゼーションは，組織や細胞において，特定のDNAやmRNAの分布・局在や発現量を検出する目的に利用できる方法である（図2.12）．サザンブロットハイブリダイゼーションやノーザンブロットハイブリダイゼーションと違い，DNAやRNAを抽出しないで，組織標本などの上でハイブリダイゼーションを行う．標識プローブとハイ

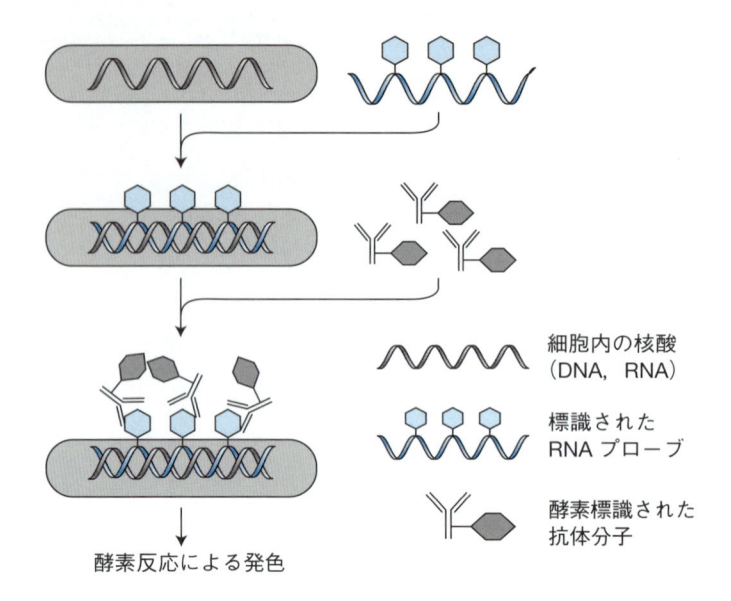

図2.12 in situ ハイブリダイゼーションの原理（RNA プローブと酵素標識抗体を用いた実験例）

凡例:
- 細胞内の核酸（DNA, RNA）
- 標識された RNA プローブ
- 酵素標識された抗体分子

ブリッドを形成する DNA や RNA を検出する原理は，基本的にサザンブロットハイブリダイゼーションなどと同じである．プローブの標識には ^{3}H などを用いる（p.104 も参照）．

F 蛍光 in situ ハイブリダイゼーション（FISH）

蛍光物質や酵素などで標識したオリゴヌクレオチドプローブを用い，目的の遺伝子とハイブリダイゼーションさせ蛍光顕微鏡で検出する手法である．蛍光物質としてフルオレセインイソチオシアネート（fluorescein isothiocyanate：FITC）がよく用いられる．医学分野などでは遺伝子のマッピングや染色体異常の検出などで用いられている．

G プラークハイブリダイゼーション，コロニーハイブリダイゼーション

ハイブリダイゼーションを応用して，プラスミドベクターやファージベクターなどにより大腸菌に導入された遺伝子を検索・同定することができる（図2.13）．プラスミドベクターやファージベクターを大腸菌に導入してコロニーまたはプラークが形成された選択寒天培地の上にメンブレン（ニトロセルロースメンブレンまたはナイロンメンブレン）をかぶせて，メンブレンにコロニーまたはプラークを写し取る．メンブレンをアルカリ溶液（NaOH）で菌またはファージを溶解し，中和後に高温処理（80℃）により DNA を変性させ，同時にメンブレンに固相化する．この後の操作はサザンブロットハイブリダイゼーションなどと同様で，標的配列とハイブリッドを形成した標識プローブを検出して，目的の遺伝子が導入されたコロニーやプラークを選別して位置を確認する．寒天培地上の同じ位置にあるコロニーやプラークから菌やファージを増やし，目的遺伝子の解析などに利用する．

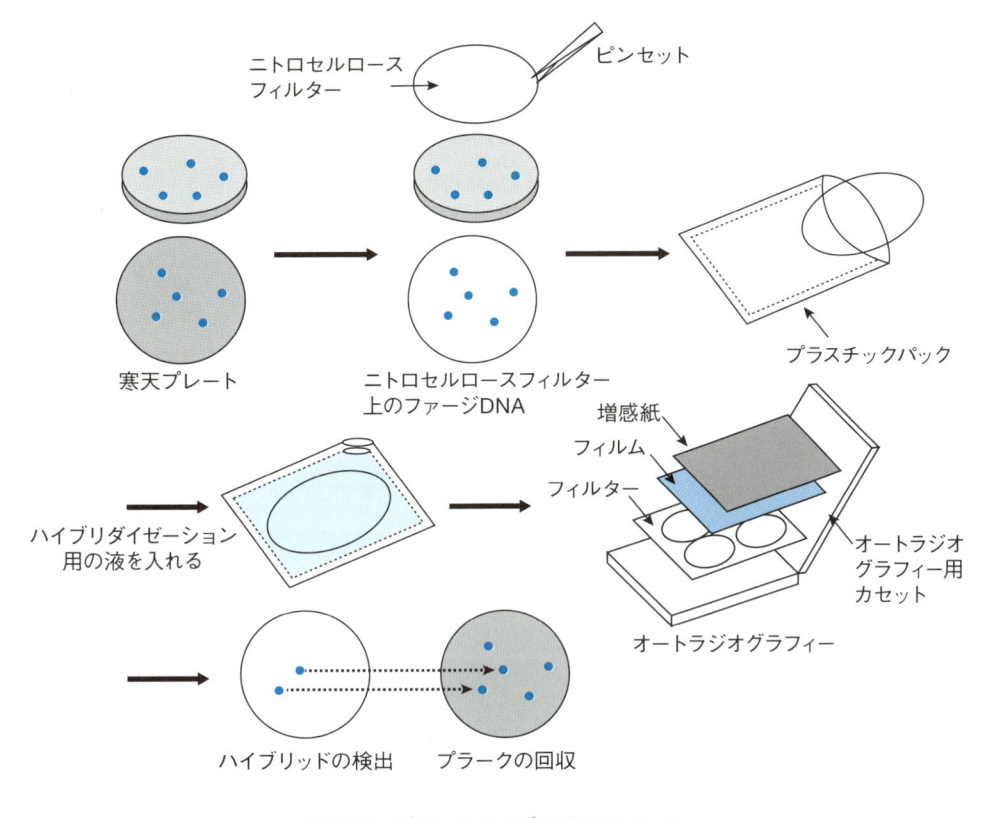

図2.13 プラークハイブリダイゼーション

2.7 シークエンシング

　DNAは4種類のヌクレオチドが直鎖状に並んでできた巨大なポリマーである．DNAが保持する遺伝情報は，これらヌクレオチドの構成要素である4種類の塩基（A，T，G，C）の並び方で決められている．すなわち，遺伝情報は塩基配列の形で符号化されている．したがって，遺伝情報の解析では，塩基配列を明らかにすることが非常に重要である．塩基配列を明らかにする方法（DNA シークエンシング）は，一般にDNAポリメラーゼを利用したジデオキシ法（酵素法またはサンガー法ともいう）と，塩基特異的な分解反応を利用した化学分解法（マキサム・ギルバート法ともいう）の2つの方法が考案された．前者は，耐熱性DNAポリメラーゼを利用するなど改良を加えながら，現在まで遺伝子工学において中心的な技術として利用されてきた．ゲノムシークエンシング（ゲノムプロジェクト）において大いに貢献した技術である．一方，後者は解析結果の信頼性は高いものの，ジデオキシ法と比べて作業が繁雑であることなどから，現在では特殊な目的以外にはほとんど用いられなくなった．最近，まったく新しい原理で，非常に長い塩基配列を迅速に決定する方法（次世代シークエンシング）が考案され，一部は実用化されている．

A　ジデオキシ法

　サンガーが Klenow フラグメントを利用した塩基配列法として考案した方法である．現在は PCR の原理を取り込んで改良したサイクルシークエンシング法がもっぱら利用されている．いずれも基本的な原理は同じである（図 2.14）．

　DNA ポリメラーゼは，プライマーの 3′ 末端を起点として，4 つのデオキシヌクレオシド三リン酸を鋳型 DNA に対して相補的に取り込みながら，新しい DNA 鎖を合成する．反応液に，4 種類のデオキシヌクレオシド三リン酸（dATP，dCTP，dGTP，dTTP）以外に，いずれか 1 種類のジデオキシヌクレオシド三リン酸（3′ 位に -OH 基がないヌクレオチド）を加えておくと，その塩基が取り込まれた段階で DNA の合成が停止する．4 本の反応チューブを用意し，それぞれ A，G，C，T のジデオキシヌクレオシド三リン酸を 1 つずつ加えることにより，それぞれランダムに反応が停止する．反応が止まるのは，加えたジデオキシヌクレオシド三リン酸に相補的な塩基の位置になる．たとえば，塩基が A のジデオキシヌ

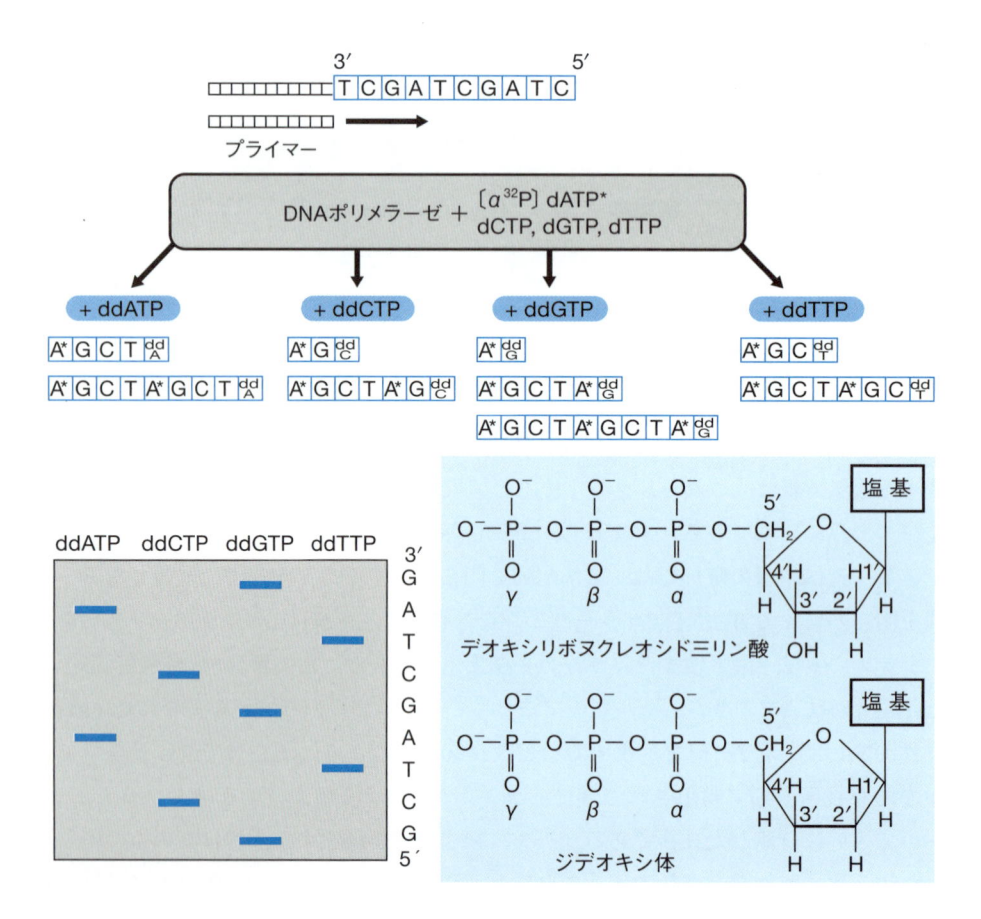

図2.14　ジデオキシ法
プライマーを用いた DNA ポリメラーゼ反応中にジデオキシ体があると，その場所で DNA 合成は停止する．特異的なジデオキシ体により塩基配列の決定が可能になる．

クレオシド三リン酸を加えたチューブでは，3′末端がAとなるさまざまな長さの新生DNA鎖ができる．この長さは，塩基配列に対応しているので，ポリアクリルアミド上でこれら新生DNA鎖を電気泳動することにより塩基配列を決めることができる．

新生DNA鎖を検出するには標識する必要がある．放射性同位元素で標識する方法には2つあり，標識プライマー（5′末端を^{32}Pで標識）を使って合成するか，または，標識デオキシヌクレオシド三リン酸（たとえばα-^{32}P-dATP）を新生DNA鎖に取り込ませて標識する方法がある．放射非活性の高さから後者の方法の方が高い感度で検出でき，一度標識デオキシヌクレオシド三リン酸を用意してしまえば，プライマーに関係なく使えるので便利である．ただし，最近では，蛍光標識を利用した自動シークエンサー（シークエンシング装置）が広く普及したので，放射性同位元素を用いたシークエンシングはほとんど行われていない．

B　サイクルシークエンシング法

耐熱性DNAポリメラーゼを使ったPCRの原理を取り込んでサンガー法を改良した方法で，微量の鋳型DNAで十分に塩基配列を決定できる方法である．プライマー1種類を使ってサンガー法と同様に反応を進める．変性，再生，伸長反応をくり返すことにより3′末端の塩基が同一の新生DNA鎖が増幅される．その結果，高い感度で塩基配列を決定することができる．また，鋳型DNA量が微量なので，鋳型DNAの相補鎖がプライマーのアニーリングに対して競合しにくいので，シークエンス反応に支障を来さない．この方法により，PCR産物を直接鋳型とした塩基配列を決めるダイレクトシークエンスが可能となった．

サイクルシークエンシングでは，蛍光標識プライマーまたは蛍光標識ジデオキシヌクレオチドを使って新生DNA鎖を検出する．後者を用いる場合，4種類のジデオキシヌクレオチドそれぞれを異なる蛍光物質で標識したもの（ダイターミネーター）を使うと，A，G，C，Tそれぞれを蛍光波長の違いで検出できるため1本のチューブでシークエンシング反応をすますことができ，多試料のシークエンシングに有利である．またプライマーに関係なく利用できるので，蛍光標識ジデオキシヌクレオチドを使った方法が一般的となった．長さの異なる新生DNA鎖の分離にポリアクリルアミドゲル電気泳動を用いていたが，ゲル作製が不要なキャピラリー電気泳動を使うことで，大量のサンプルを短時間で処理できるため，このタイプの自動シークエンサーが普及した．

C　マキサム・ギルバート法

5′末端または3′末端を放射性同位元素（^{32}Pなど），または蛍光で標識したDNAフラグメントを塩基特異的な化学反応によって切断し，その断片をポリアクリルアミドゲル電気泳動で分離して塩基配列を決定する方法．ジデオキシ法が広く普及し，現在はほとんど用いられていない．ただし，末端ラベルという特色を生かして，DNAやタンパク質の相互作用，すなわちDNAのどの配列に特異的にタンパク質がつくかを決めるフットプリント法，DNAやRNAの末端を決定するS1マッピングなどに利用されている．

D 次世代シークエンシング

　ヒトゲノム解析への取り組みは，新しい塩基配列決定法の開発を進展させた．キャピラリー電気泳動もその1つだが，さらに新しいシークエンシング法が開発されている．DNAポリメラーゼによって合成されたDNA鎖の長さを分離するサンガー法と異なり，ヌクレオチドが1個取り込まれるたびに発光させて検出する方法（パイロシークエンシング）やDNAリガーゼを使った方法など，これまでの方法にとらわれないまったく新しい原理のシークエンシング法が次々に開発されている．

2.8 標識プローブ

A 核酸の標識法

　ハイブリダイゼーションを利用した遺伝子の検出や同定は，標識プローブ（一本鎖DNAまたはRNA）を用いて行われる．標識には，放射性同位元素によるRI標識と蛍光色素などを使った非RI標識がある．現在では安全性と簡便性に加えて，検出感度が向上したことから非RI標識を使うことの方が多い．

　核酸プローブの標識方法のタイプには2通りある．1つはプローブにするDNAやRNAの末端に標識化合物を付加する方法（末端標識法）で，もう1つはプローブの全体に標識化合物を取り込ませる方法である．末端標識法の場合と比べ高い検出感度が得られるので，後者で作製した標識プローブを用いる方が一般的である．

1 ニックトランスレーション法

　DNaseIでDNAの二本鎖に切れ目（ニック）を入れると同時に，DNAポリメラーゼIで新たにDNAを合成する方法である．取り込まれる4種のデオキシヌクレオシド三リン酸の1つに放射性同位元素あるいは蛍光色素で標識したものを使い，新生鎖全体が標識される（図2.15A）．

2 ランダムプライマー法

　5〜9塩基からなるランダムオリゴヌクレオチドをプライマーとしてDNAポリメラーゼ（Klenowフラグメントなど）によってDNAを合成していく方法である．この方法も取り込まれるヌクレオチドに標識されたものを加えておき，合成されるDNAの全体を標識する方法である（図2.15B）．

3 リボプローブ法

　SP6，T7，T3プロモーターをもつベクターのinsertを鋳型として，SP6 RNAポリメラーゼ，T7 RNAポリメラーゼ，あるいはT3 RNAポリメラーゼによって，[α-^{32}P]-CTPを取り込ませながら合成したcRNAをin vitro合成する方法．

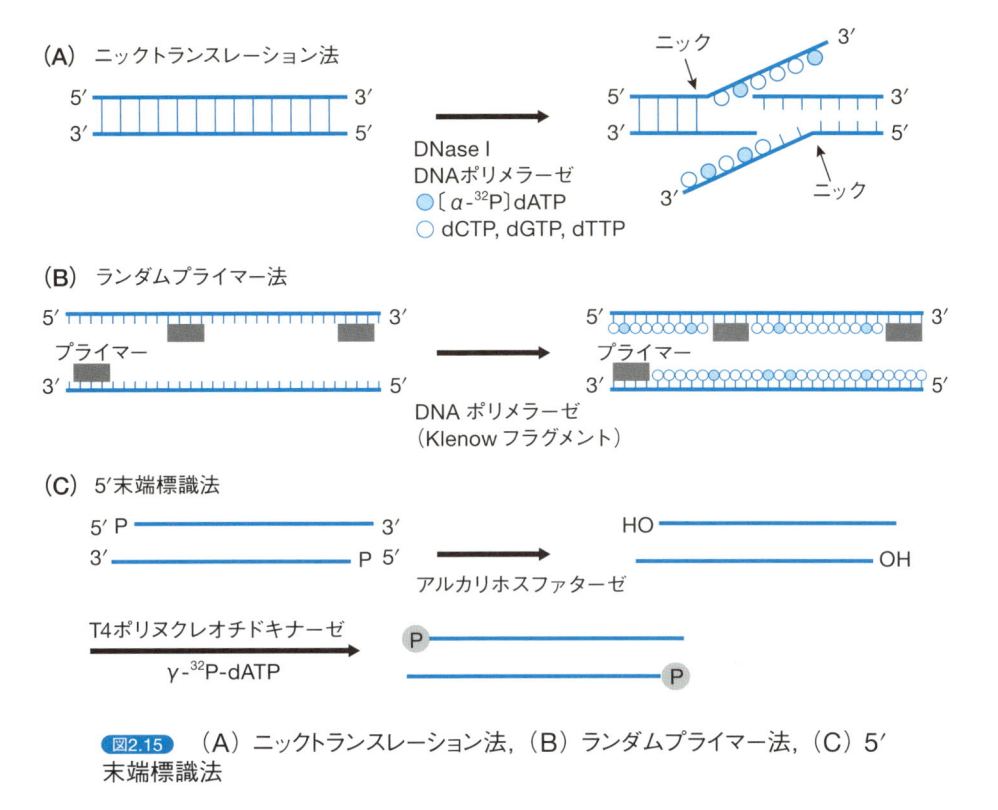

(A) ニックトランスレーション法

(B) ランダムプライマー法

(C) 5′末端標識法

図2.15 （A）ニックトランスレーション法，（B）ランダムプライマー法，（C）5′末端標識法

4 cDNA 標識法

RNA を鋳型にして逆転写酵素によって cDNA を合成する際に，標識ヌクレオチドを取り込ませる方法．mRNA をプローブとする場合は直接 RNA を標識するよりも標識 cDNA を使う方が多い．

5 5′末端標識法

DNA の 5′末端を脱リン酸化した後 γ-^{32}P-dATP などを使い，T4 ポリヌクレオチドキナーゼでリン酸化（^{32}P）する方法．DNA 1 分子あたり ^{32}P が 1 分子しか取り込まれないので，標識プローブの比放射能は低い．RNA の 5′末端標識にも利用できる（図 2.15C）．

6 3′末端標識法

TdT（Terminal deoxynucleotidyl transferase）を使って標識デオキシヌクレオチドを付加させる方法で，標識ジデオキシヌクレオチドを基質としたときは 1 分子のみが取り込まれるが，デオキシヌクレオチドを基質とした場合は複数の標識分子が取り込まれる．RNA の 3′末端標識にも利用できる．

7 5′突出末端標識法

Klenow フラグメントの 5′→3′ DNA ポリメラーゼ活性によって，制限酵素切断などでできた 5′ 突出末端の一本鎖部分に標識ヌクレオチドを取り込ませる方法．

8 プライマー伸長法

5′ 末端を標識したプライマーを RNA とハイブリダイズさせ，逆転写酵素で DNA を合成する．一本鎖 DNA を鋳型として，DNA ポリメラーゼで新生 DNA 鎖を合成してもよい．転写開始点などの解析に用いる方法だが，末端標識プローブの作製にも利用可能である．

B 標識プローブの検出

a RI 標識

RI（放射性同位体：radioisotope）としては，^{32}P，^{33}P，^{35}S，^{3}H などが標識に使われる．一般的には X 線フィルムに感光させるオートラジオグラフィーによって検出する．

b 非 RI 標識

1 蛍光標識

ポリメラーゼや TdT の基質として RI 標識ヌクレオチドの代わりに蛍光色素が結合したものを使う．また，ジゴキシゲニンなどを結合したヌクレオチドを用い，これに対する蛍光標識抗体で検出する方法もある．

2 酵素抗体法

ペルオキシダーゼ（HRP：horseradish peroxidase）やアルカリホスファターゼ（AP：alkaline phosphatase）を結合させた抗体で標識プローブを検出する方法もよく利用されている．たとえば，AP 結合抗ジゴキシゲニン抗体をハイブリッドを形成したジゴキシゲニン標識プローブに結合させ，発色基質 5-ブロモ-4-クロロ-3-インドリルリン酸（BCIP）とニトロブルーテトラゾリウム（NBT）をそれぞれ単独で，または混合して加えると，AP によって青紫色に発色し，プローブの場所がわかる．HRP の場合は，ジアミノベンチジン（DAB）やテトラメチルベンチジン（TMB）などを基質として用いる．

まとめ

① 試薬と溶液

- 汎用される試薬：トリス，EDTA，SDS，Triton-X100，抗生物質（アンピシリンなど），IPTG，X-gal，臭化エチジウム，SYBR Green
- 緩衝液：TE，TBE，TAE，TBS，PBS，SSC
- 有機溶媒：エタノール，フェノール，クロロホルム
- その他の試薬：DEPC，グアニジンイソチオシアネート，CTAB

② 核酸の調製

- 核酸の抽出・精製では，タンパク質の変性と分解→除タンパク質（フェノール抽出）→アルコール沈殿による濃縮の順に進める．精製したDNAやRNAは滅菌処理した溶液に溶かし，冷凍または4℃で冷蔵保存する．
- DNAなどはPEG沈殿などで回収したファージ粒子やウイルス粒子からDNAを抽出・精製する．プラスミドDNAはアルカリ法やボイリング法で精製する．
- totalRNAやポリ（A）RNAの精製では，RNaseによる分解を避けるために，DEPC処理水を使うなど細心の注意をはらう．

③ 核酸の検出と定量

- インターカレーターでDNAやRNAを染色し，その蛍光を検出する．
- 260 nmの吸光度によってDNAやRNA溶液の濃度を定量し，吸光度比OD_{260}/OD_{280}から純度がわかる．

④ 電気泳動

- 核酸がリン酸基による負電荷をもつことを利用して，支持体中に電流を流して核酸を移動させて分析する．一般に，長さの違いで核酸を分離する．支持体としてアガロースゲル，ポリアクリルアミドゲルなどがある．

⑤ PCRとRT-PCR

- PCRは，耐熱性DNAポリメラーゼの反応で特定の配列を増幅する方法で，逆転写酵素反応と組み合わせたRT-PCRは発現解析に応用される．組織標本上で行う *in situ* PCRもある．
- リアルタイムPCRには，検出原理の違うインターカレーション法やハイブリダイゼーション法などがあり，DNAやRNAの定量に使う．遺伝子発現は逆転写酵素と組み合わせた定量RT-PCRで分析できる．
- 増幅の特異性を高めるために，長さ，塩基組成，末端の塩基，T_m値などに留意して，プライマーを設計する．

⑥ ハイブリダイゼーション

- 塩基配列の相補性を利用して，特定の塩基配列や遺伝子を検出する．DNAはサ

ザンブロットハイブリダイゼーションで，RNAはノーザンブロットハイブリダイゼーションで検出する．
・組織中のmRNA発現量や発現部位の解析には，ISHやFISHを利用する．

❼ シークエンシング

・DNA合成反応を利用したジデオキシ法に耐熱性ポリメラーゼを応用したサイクルシークエンシング法がある．最近では，ポリメラーゼを使わない方法（次世代シークエンシング）も実用化されている．

❽ 標識プローブ

・特定の塩基配列は，PCRなどを利用して作製したプローブで同定する．プローブは，RI，蛍光色素やジゴキシゲニンなどで標識し，オートラジオグラフィーや蛍光標識抗体などで検出する．

第3章 遺伝子組換え実験の基礎

3.1 遺伝子組換え実験の概要

　地球上の生物は，遺伝物質として4種類のデオキシリボ核酸が結合したDNAを用いている．このDNAは，どの生物でも同じ物質から構築されているため，ある生物から抽出したものを，別の生物に導入しても区別なく遺伝物質として機能する．しかしながら，ただDNAを導入しても複製は起こらず，細胞分裂後にそのDNAが娘細胞に受け継がれることもない．また，タンパク質が安定に翻訳されることもほとんどない．DNAの複製には，複製起点とよばれる二本鎖DNAを一本鎖DNAに解離し，コピー数を制御する遺伝子領域が必要である．さらにタンパク質への翻訳には，mRNAの転写を制御する領域（エンハンサー，プロモーター，オペレーターなど），リボソームが結合するSD（シャイン・ダルガーノ）配列（原核生物）や内部リボソーム導入部位（Internal Ribosome Entry Site：IRES，真核生物），翻訳開始に関するコザック（Kozak）配列（真核生物）などが必要である．

　このように，DNAの複製やタンパク質への翻訳には複雑なシステムを必要とする．そこで，外来遺伝子を挿入して宿主細胞に導入するだけで，宿主内でDNAの複製や，タンパク質への翻訳が行えるプラスミド，バクテリオファージなどのベクターを用いるのが便利である．これらのベクターは，クローニングベクターと発現ベクターの2種類に大別できる．クローニングベクターは，遺伝子自体を増幅することを目的とするベクターであり，遺伝子配列の決定や遺伝子導入による宿主の形質変化などに応用できる．一方，発現ベクターは，タンパク質やペプチドを発現することを目的とするベクターであり，ペプチドホルモンの合成，抗体や酵素の生産などに応用できる．

　この章では，これらのベクターの構造，外来遺伝子の挿入方法，宿主への形質転換の方法，選抜方法について述べる．

3.2 宿主とベクター

　宿主（host）とは，ウイルスなどの寄生生物が感染し，その生物内の合成系の一部を利用して子孫を増やすための生物体を一般的に示している．たとえば，細菌の場合は大腸菌が宿主であり，これに感染して子孫を増やすバクテリオウイルス（バクテリオファージという）が寄生生物となり，遺伝子工学の中ではベクター（vector）とよんでいる．

　一方，遺伝子工学に用いられるようになったプラスミドなども，環状DNA分子として細菌の中でその合成系を利用しながら分子の数を増やすので，細菌を宿主とよび，プラスミドをベクターという．このベクターは一方の宿主から他の宿主へDNA断片などを移すことが可能であることから，"運び屋"という意味でこのように命名された．このように宿

主に対して細菌のプラスミドやバクテリオファージ，他のウイルスなどを総称してベクターとよんでいる．

ベクターには，宿主での複製を可能とする複製起点，ベクターに外来遺伝子が挿入されたことを示す選択マーカー遺伝子，宿主がベクターによって形質転換されたことを示す選択マーカー遺伝子を含んでいる．選択マーカーを2種類用いるのは，外来遺伝子が挿入されない未反応ベクターが残存するためである．外来遺伝子は，選択マーカー遺伝子の途中にあるマルチクローニングサイトに挿入することが多い．

ここでは，ベクターを構築するうえで重要な複製起点，選択マーカー，マルチクローニングサイトについて説明し，実際に用いられるベクターについて解説する．

A 複製起点（*ori*：origin of replication）

複製を開始するためには，DNA トポイソメラーゼ，イニシエーター，DNA ヘリカーゼなどのタンパク質が，ある DNA の領域に結合することによって二本鎖 DNA の間の水素結合を切断し，一本鎖 DNA に解離する必要がある．また，一本鎖に解離する周辺の領域に，RNA やタンパク質が結合あるいは解離，化学修飾されることによって，DNA の複製を促進あるいは抑制して複製のコピー数を制御している．この一本鎖になりはじめる領域とコピー数を制御する領域を複製起点（*ori*）という．真核生物の複製が行われる領域は，自立複製配列（ARS：autonomously replicating sequence）という．

複製起点は，A-T の塩基が多い領域であり，複製の際に用いられるタンパク質は，ほとんど宿主由来のものが用いられる．そのため，宿主特異性があり，大腸菌で複製起点となる配列でも他の宿主では複製起点とならないことがある．1つのベクターの中に多種類の宿主の複製起点を含み，多種類の宿主で複製可能なベクターをシャトルベクターという．原核生物では，1つのベクターに対し1つの複製起点で複製が行われるのに対し，真核生物では，多数の複製起点から同時に複製が行われる．複製は複製起点から開始され，複製フォークが広がり，終了領域で終わる．1つの複製起点から複製される DNA の領域をレプリコン（replicon）という．表3.1 に，主な大腸菌の複製起点とコピー数についてまとめた．

表3.1 大腸菌の複製起点とコピー数

ベクター	複製起点	コピー数
pDF系	F	1〜2
pSC系	pSC101	〜5
pACYC系	p15A	10〜12
pBR系	pMB1	15〜20
pUC系	pMB1	500〜700
pBluescript系	ColE1	300〜500
pGEM系	pMB1	300〜400
pTZ系	pMB1	>1,000

宿主にベクターを2種類以上導入する際には，同じあるいは近縁の複製起点のものを使用しないことが必要である．同じ複製起点のものを用いると，複製されやすい方が優先的に複製されることと，細胞分裂によって娘細胞に分配する際に種類の異なるベクターが区別できず，偏りが生じてしまいどちらかのベクターが欠落することがある．これを不和合性という（図3.1）．

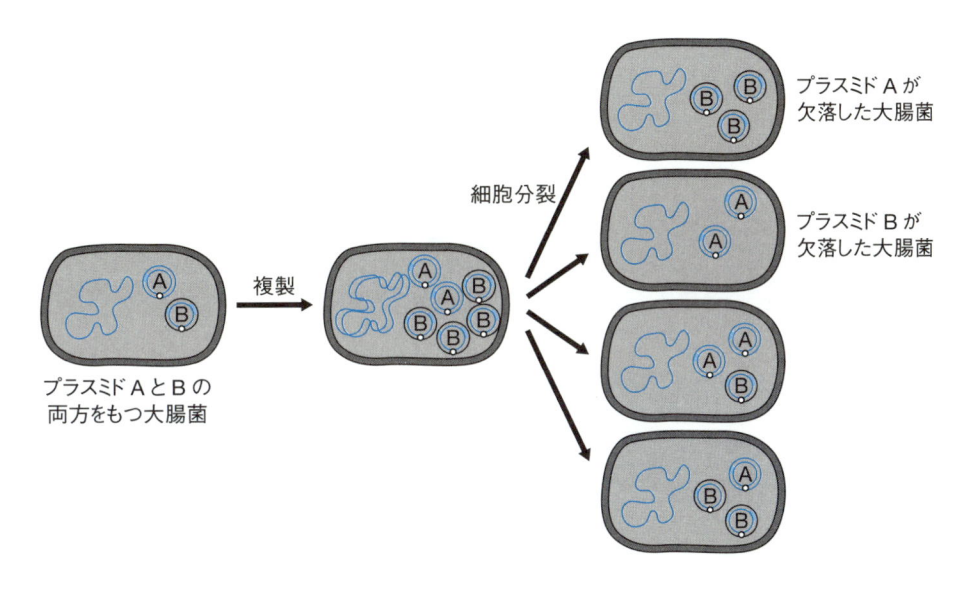

図3.1　プラスミドの不和合性
同じあるいは近縁の複製起点を有するプラスミドは，複製の比率に偏りが生じたり，細胞分裂の際にどちらかのベクターが欠落することがある．

B　選択マーカー

　選択マーカー遺伝子は，ベクターが宿主に導入されたことや外来遺伝子がベクターに挿入されたことを確認するために用いられる．選択マーカー遺伝子には，抗生物質耐性遺伝子，レポータージーン（レポーター遺伝子），生合成酵素，致死遺伝子，溶菌などが用いられる．宿主には，これらの遺伝子の発現が起こらないものを選択する必要がある．

a　抗生物質耐性遺伝子

　抗生物質は，微生物が産生し，他の生体細胞の増殖や機能を阻害する物質である．抗生物質を産生する微生物は，その抗生物質を分解あるいは排出するためのタンパク質を産生することで解毒している．このタンパク質が翻訳される抗生物質耐性遺伝子を，抗生物質耐性をもたない宿主に導入すると，その抗生物質を含有した培地中で増殖できるようになる．すなわち，抗生物質で生育できない宿主に対して，抗生物質耐性遺伝子を発現するベクターを導入すると，抗生物質添加培地でベクターが導入された宿主を選択することがで

きる（図3.2）．また，抗生物質耐性遺伝子の途中に外来遺伝子が挿入されると，耐性タンパク質の機能が発現しなくなり，抗生物質を含有した培地で増殖できなくなる．

表3.2に，遺伝子工学で用いられる代表的な抗生物質とその作用機序，耐性をもたせるタンパク質のはたらきについてまとめた．

抗生物質で，ベクターの導入の有無を選択する際，あまり長い間培養すると，抗生物質耐性株によって抗生物質が分解され，抗生物質耐性遺伝子をもたない宿主も生育することがある．寒天培地において，抗生物質耐性遺伝子を有する宿主のコロニーの周りに，耐性をもたない宿主のコロニーが形成されるが，そのコロニーをサテライトコロニーという．また，抗生物質の中には，熱や光に弱いものがあるので注意が必要である．

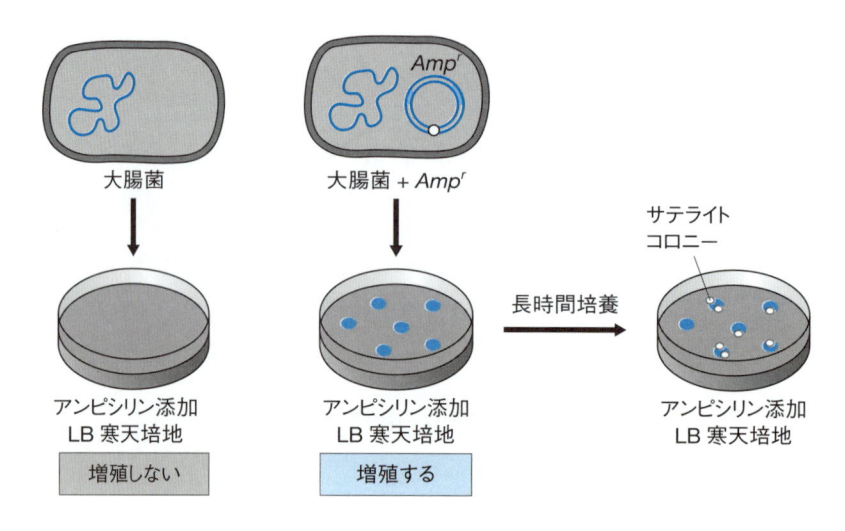

図3.2 アンピシリン耐性遺伝子によるベクターの選択

アンピシリン添加培地を用いると，アンピシリン耐性遺伝子が挿入されたベクターの導入に成功した宿主を選択できる．長い時間培養すると，アンピシリン耐性宿主によってアンピシリンが分解し，アンピシリン耐性のない宿主が増殖したサテライトコロニーが形成されるので注意が必要である．

b レポータージーン

レポータージーン（レポーター遺伝子）から特定の基質と反応して有色や蛍光物質を産生する酵素や，蛍光を発する蛍光タンパク質が翻訳される．これらの遺伝子の途中に外来遺伝子を挿入すると，発現されるタンパク質が変異して酵素活性などが損なわれるため，外来遺伝子の挿入が確認できる．また，これらのレポータージーンは，遺伝子のスイッチの下流に挿入することで遺伝子発現の時期や場所を特定することや，タンパク質の下流に挿入することで細胞内の局在性などを調べることに応用される．表3.3に，レポータージーンとして用いられるものをまとめた．

ここでは，とくにラクターゼについて詳しく述べる．ラクターゼは，ラクトースをグル

表3.2 抗生物質とその作用機序

抗生物質	作用機序	耐性機構	耐性遺伝子
アンピシリン（ampicillin）カルベニシリン*（carbenicillin）	ペプチドグリカンの架橋形成を阻害して，細胞壁の合成を阻害する	β-ラクタマーゼにより，抗生物質を加水分解する	Amp^r（Ap^r）
カナマイシン（kanamycin）ネオマイシン（neomycin）ストレプトマイシン（streptomycin）ゲンタマイシン（gentamicin）	リボソームの30Sサブユニットに結合して，リボソームがmRNA上を移動するのを阻害してタンパク質合成を阻害する	アミノグリコシドリン酸転移酵素により，抗生物質をリン酸化する	Km^r Neo^r Sm^r Gm^r
テトラサイクリン（tetracycline）	リボソームの30Sサブユニットに結合して，アミノアシルtRNAが結合するのを阻害してタンパク質合成を阻害する	12-TMS（12-transmembrane segments）により，抗生物質を細胞外に排出する	Tc^r
クロラムフェニコール（chloramphenicol）	リボソームの50Sサブユニットに結合して，リボソームがmRNA上を移動するのを阻害してタンパク質合成を阻害する	クロラムフェニコールアセチル転移酵素により，抗生物質をアセチル化する	CAT（Cm^r）
ハイグロマイシン（hygromycin）	真核生物のリボソームの80Sサブユニットに結合して，リボソームがmRNA上を移動するのを阻害してタンパク質合成を阻害する	ハグロマイシンリン酸転移酵素により，抗生物質をリン酸化する	HPT（Hyg^r）
ジェネティシン（G418: geneticin）	同上	アミノグリコシドリン酸転移酵素，抗生物質をリン酸化する	APH
オーレオバシジン（Aureobasidin A）	スフィンゴリン脂質生合成系の酵素 Inositolphosphoryl-ceramide（IPC）synthaseの活性を阻害する	IPC synthase	Aur1

*β-ラクタマーゼ耐性，耐酸性をもつアンピシリンの誘導体

表3.3 レポータージーン

タンパク質名	基質（検出法）	応用例
ラクターゼ（β-ガラクトシダーゼ）	X-gal[1]（吸光）	Blue-white Selection
分泌型アルカリホスファターゼ（SEAP）	p-ニトロフェニルリン酸（吸光）CSPD[2]（発光）	遺伝子の転写・発現の解析
ホタルルシフェラーゼ	ATPとルシフェリン（発光）	遺伝子の転写・発現の解析
β-グルクロニダーゼ（GUS）	MUG[3]（蛍光）	遺伝子の転写・発現の解析（GUS assay）
緑色蛍光タンパク質（GFP）	基質なし（蛍光）	遺伝子の転写・発現の解析

1) 5-ブロモ-4-クロロ-3-インドリル-β-D-ガラクトピラノシド
2) Disodium 3-(4-meth-oxyspiro {1,2-dioxetane-3,2′-(5′-chloro) tricyclo [$3.3.1.1^{3,7}$]decan}-4-yl)phenyl phosphate
3) 4-methyl-umberlliferyl-β-D-glucuronide

コースとガラクトースに分解する酵素で，β-ガラクトシダーゼともよばれる．この酵素は，同じポリペプチドが4つ集まって活性を発現する四量体の酵素である．この酵素の1つのポリペプチドを分割して，2つのポリペプチドαとωにして別々に発現させ，混合するとαとωのポリペプチドが結合して会合体を形成する．その会合体が4つ集まってラクターゼ活性が発現する．この酵素の遺伝子 *lacZ* は，大腸菌の染色体上に存在する．遺伝子組換えに用いる宿主は，*lacZα* の部分を欠損させて，*lacZω* の部分のみが発現するものを用いる．この *lacZω* から発現される ω ポリペプチドはラクターゼ活性を示さない．ベクターに *lacZα* の部分の遺伝子を入れ，そのベクターが宿主に導入されると，*lacZα* から α のポリペプチドが発現して，*lacZω* からの ω のポリペプチドと会合してラクターゼ活性を示す．これを α相補性という．このように α と ω を別々にすることで，ベクターに入れる選択マーカーの遺伝子塩基数を減少させることができ，少しでも大きな外来遺伝子が挿入できるように工夫している．

ベクターの *lacZα* の途中に外来遺伝子を挿入すると，ラクターゼに外来遺伝子由来のポリペプチドが追加され，場合によってフレームシフトも起こって正常な α ポリペプチドを発現できず，ラクターゼ活性を示さない（図 3.3）．ベクターの導入が確認できる状態でラクターゼ活性を示すものは，外来遺伝子の挿入に失敗しており，ラクターゼ活性を示さないものは，外来遺伝子の挿入が成功したことを確認できる．

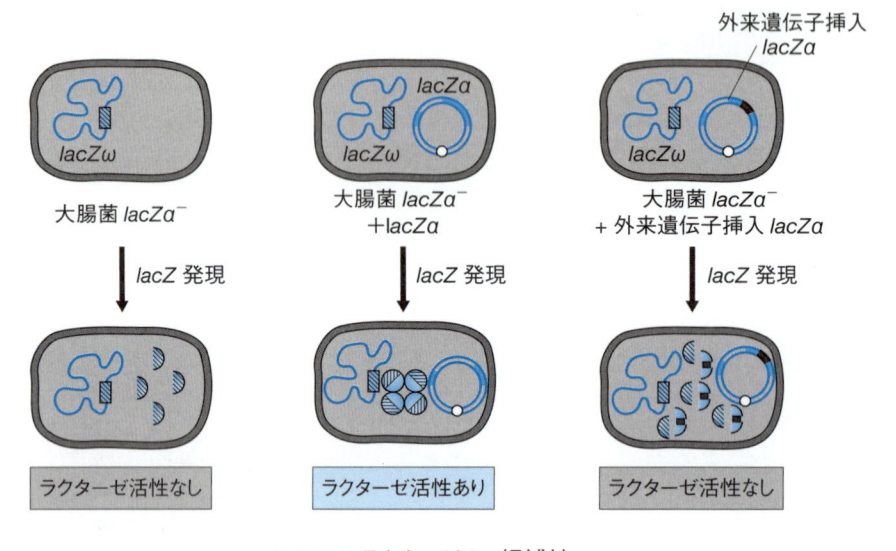

図3.3　ラクターゼのα相補性
大腸菌 *lacZα⁻* からは，不完全なラクトースが合成される．*lacZα* が挿入されたベクターがその宿主に導入されると，染色体とベクターからそれぞれペプチドが発現してラクターゼ活性を示すようになる．ベクターの *lacZα* の途中に外来遺伝子が挿入されると，*lacZα* から発現するポリペプチドが正常な構造とならず，ラクターゼ活性を示さなくなる．

c 代謝酵素

　生物が成長・増殖するためには，栄養を含んだ培地から栄養を吸収する必要がある．生物が必要とする栄養分は種によって異なり，その種の成長・増殖に最低限必要な栄養素を含んだ培地を最少培地という．その種を変異剤や放射線で変異させると，この最少培地のみでは生育できず，アミノ酸や核酸などの成分を追加しなければならない突然変異体が生ずる．この突然変異体を栄養要求株といい，その栄養素を代謝により合成していた一連の酵素群のうちのいずれかが遺伝子変異して酵素活性が失われているために栄養要求性を示す．活性を発現しなくなった酵素の代わりに，外部から正常にはたらく酵素遺伝子を導入すれば，培地にその栄養素を添加しなくても，最少培地で生育できるようになる．すなわち，栄養要求株を宿主として，ベクターに酵素遺伝子を挿入したものを用いて形質転換した後に，最少培地で培養すると，ベクターが導入された宿主のみが生育でき，導入されなかったものは生育できないため，ベクターの導入の有無の選別が可能になる（図3.4）．

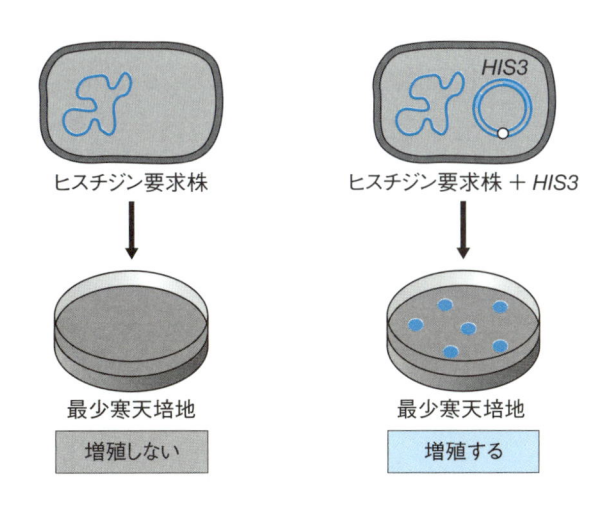

図3.4　ヒスチジン要求株（*HIS3* 欠損株）を宿主とするベクターの選択
ヒスチジン要求株（*HIS3* 欠損株）を宿主として，*HIS3* を含むベクターを導入できたもの（右）は，最少寒天培地上でコロニーを形成する．ベクターが導入できなかったもの（左）は，増殖できずコロニーを形成できない．

表3.4　栄養要求株とベクターに組み込む代謝酵素遺伝子

栄養要求株	合成酵素遺伝子	合成酵素
ヒスチジン要求株	*HIS3*	イミダゾールグリセロールリン酸デヒドロゲナーゼ
ロイシン要求株	*LEU2*	3-イソプロピルリンゴ酸デヒドロゲナーゼ
リシン要求株	*LYS2*	α-アミノアジピン酸レダクターゼ
トリプトファン要求株	*TRP1*	アントラニル酸合成酵素
アデニン要求株	*ADE2*	ホスホリボシルイミダゾールカルボキシラーゼ
ウラシル要求株	*URA3*	ジヒドロオロチン酸デヒドロゲナーゼ

この栄養要求株が必要とする栄養素としては，タンパク質の原料となるアミノ酸や DNA や RNA の原料になる核酸をターゲットにすることが多い．表 3.4 に，代表的な栄養要求株とベクターに組み込む代謝酵素遺伝子をまとめた．

d 致死遺伝子

発現すると宿主が生育できないタンパク質の遺伝子を致死遺伝子という．この致死遺伝子をベクターに挿入して宿主内で致死タンパク質を発現できるようにする．外来遺伝子を致死遺伝子の途中に挿入したベクターで宿主が形質転換すると，外来遺伝子が挿入されたベクターをもつものは生育し，外来遺伝子が挿入されていないベクター（セルフライゲーションしたもの）をもつものは致死遺伝子の影響で生育できない．形質転換した宿主のうち生育したものが，外来遺伝子の挿入したものなので選別が簡単である．ベクターが形質転換されなかったものも生育するので，これとは別に抗生物質耐性遺伝子の選択マーカーを同じベクターに挿入して，抗生物質添加培地で選別する必要がある．

大腸菌では，*ccdB*（control of cell division）などが用いられている（図 3.5）．

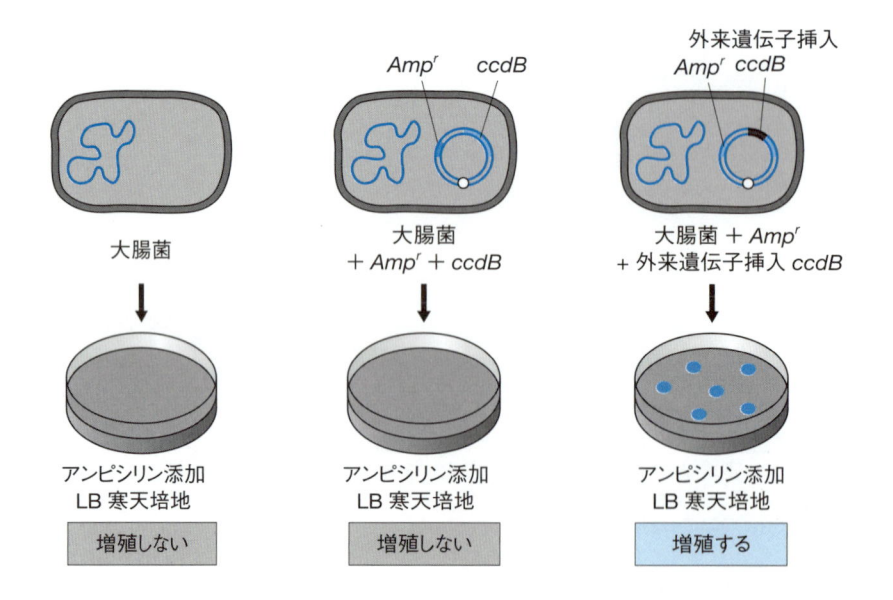

図 3.5 致死遺伝子 *ccdB* による外来遺伝子挿入ベクターの選択
アンピシリン添加培地を用いると，ベクターが導入されなかったものは増殖できずコロニーを形成しない．また，外来遺伝子が挿入されていないものは，致死遺伝子 *ccdB* が発現されて増殖できず，コロニーを形成できない．*ccdB* の途中に外来遺伝子が挿入されると，活性のある *ccdB* が発現できず，コロニーの形成が確認できる．すなわち，アンピシリン含有培地で増殖したものが，外部遺伝子の挿入したベクターを有する宿主である．

e 溶菌

ビルレントファージ*は，感染すると細菌内で増殖し，最終的には宿主である細菌を溶菌させる．このビルレントファージと細菌を混合し感染させた後，加温して溶解した寒天入りの培地に混合して，固めた寒天培地プレートの上に薄く伸ばす．1昼夜，培養すると大部分は細菌が増殖し白濁しているが，ファージが感染している部分は透明なハロー（プラーク）を形成するため，ファージの感染している場所を知ることができる．図3.6にビルレントファージのライフサイクルを示す．

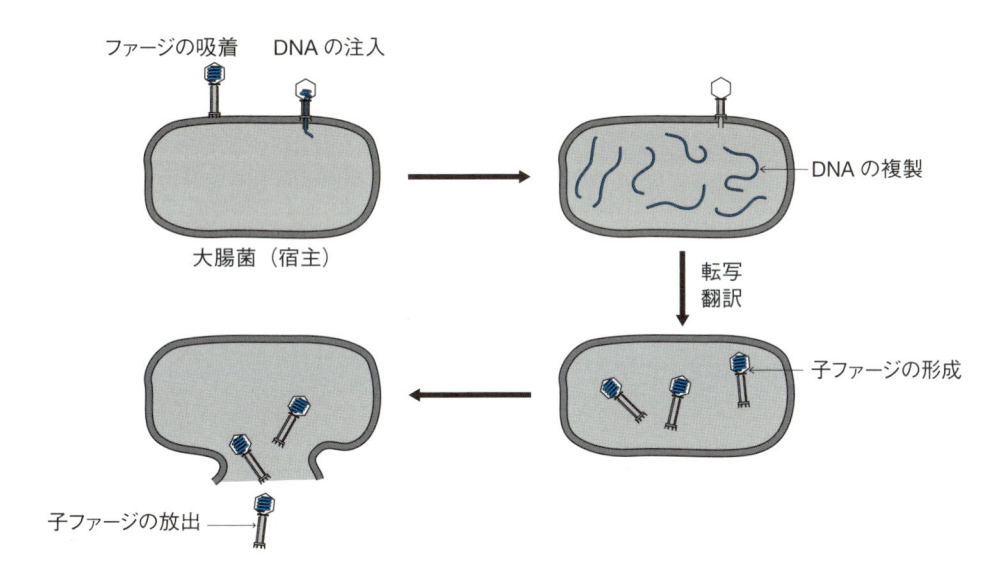

図3.6 ビルレントファージのライフサイクル

C マルチクローニングサイト（MCS）

マルチクローニングサイト（MCS）には，複数の制限酵素の認識配列が存在する．MCSを切断できる制限酵素は，MCS以外の場所を切断できないようにベクターが設計されている．MCSは，レポータージーンや致死遺伝子の途中に挿入されており，MCSに外来遺伝子が挿入されたベクターを宿主に形質転換すると，活性をもたないレポーター酵素や致死タンパク質として発現する．

図3.7に代表的なpUC18とpUC19のマルチクローニングサイトを示す．pUC18とpUC19のMCSは，それぞれ相補鎖の関係にあるため，制限酵素認識部位が逆順になっている．

---

*ビルレントファージは，ファージが感染すると溶菌する．一方，ファージが感染しても溶菌せずに，ゲノムDNAとして（プロファージ）安定した状態で保存され，子孫に伝達されるものをテンペレートファージとよぶ．

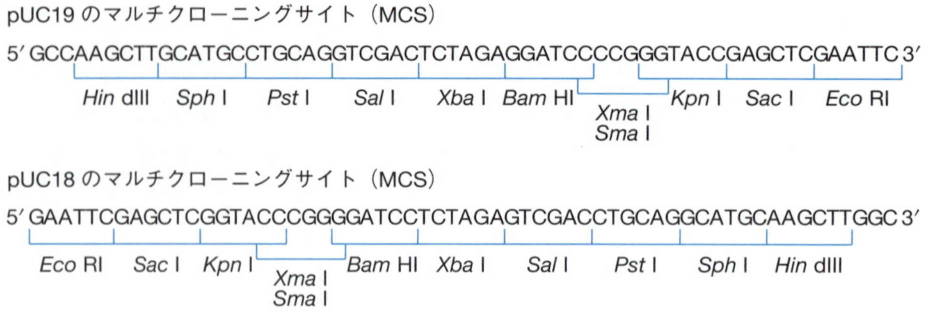

```
pUC19 のマルチクローニングサイト（MCS）
5' GCCAAGCTTGCATGCCTGCAGGTCGACTCTAGAGGATCCCCGGGTACCGAGCTCGAATTC 3'
   Hin dIII  Sph I  Pst I  Sal I  Xba I  Bam HI  Xma I  Kpn I  Sac I  Eco RI
                                          Sma I

pUC18 のマルチクローニングサイト（MCS）
5' GAATTCGAGCTCGGTACCCGGGGATCCTCTAGAGTCGACCTGCAGGCATGCAAGCTTGGC 3'
   Eco RI  Sac I  Kpn I  Xma I  Bam HI  Xba I  Sal I  Pst I  Sph I  Hin dIII
                         Sma I
```

図3.7 pUC19 と pUC18 の MCS

D タンパク質の発現制御

　外来遺伝子が挿入され，常にそのタンパク質が発現すると，宿主の増殖に悪影響が出ることがある．そこで，タンパク質の発現を制御することが必要である．制御する方法として，遺伝子の mRNA の転写を促すインデューサーを加えるものや，温度を低下させることでタンパク質の翻訳が行える mRNA に安定化するものなどさまざまである．それぞれのタンパク質発現制御について述べる．

a　*lac* プロモーター・オペレーター

　lac の上流には，*lac* オペレーターとよばれる DNA 領域があり，*lac* オペレーターは mRNA の転写を抑制するためにはたらくタンパク質 *lac* リプレッサーと結合する．さらに DNA の上流に RNA ポリメラーゼに結合する *lac* プロモーターとよばれる DNA 領域がある．

　lac リプレッサーは，アロラクトース（ラクターゼによるラクトースの糖鎖転移反応物）やイソプロピルチオガラクシド（IPTG：アロラクトースの非加水分解アナログ）などのインデューサーがあると，それらと結合し *lac* オペレーターから離れ，*lac* プロモーターに結合した RNA ポリメラーゼによる転写がはじまる．一方，アロラクトースや IPTG がないと *lac* オペレーターと結合して mRNA の転写を抑制する（図 3.8）．

　また，*lac* プロモーターの 5' 末端側には，CAP 結合部位がある．グルコースの欠乏時に生成する cAMP（環状 AMP）と結合すると，CAP は構造が変化して，CAP 結合部位に結合して，プロモーターへの RNA ポリメラーゼの結合を促進する．これは，グルコースがないときだけ，ラクターゼを発現してラクトースからグルコースを取り出し，グルコースが十分にあるときには，ラクターゼを発現しないようにするカタボライト制御を行っている．したがって，*lac* プロモーターは，グルコース濃度が低い状態では転写が促進され，高い状態では転写が起こらないことになる．

　L8-UV5 *lac* プロモーターは，野生型の *lac* プロモーターに 3 ヶ所の点変異を加えており，プロモーターをより強力にし，cAMP の依存性を低減させ，グルコースに対する感度を低

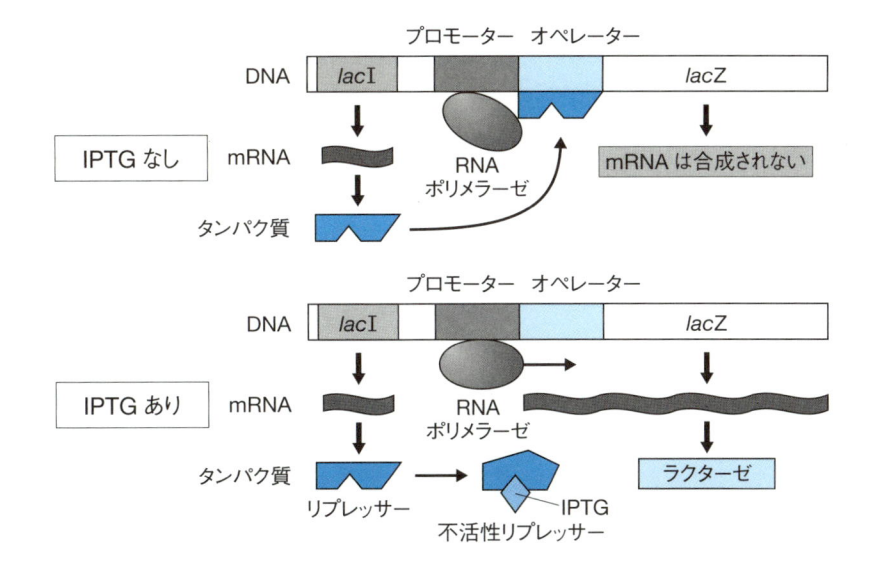

図3.8 *lac* オペレーターの IPTG による転写制御
IPTG がない時には，リプレッサーがオペレーターに結合し，*lacZ* の転写を抑制する．IPTG がある時には，IPTG がリプレッサーと結合することでリプレッサーが不活性化し，オペレーターから遊離する．その結果，*lacZ* の転写が行われ，ラクトースが発現する．

下させることができる．

b *trp* プロモーター・オペレーター

trp オペレーターは，*lac* オペレーターと逆のはたらきをする．すなわち，トリプトファンがないとき，*trp* リプレッサーが不活性化して *trp* プロモーターに RNA ポリメラーゼが結合して mRNA の転写がはじまる．トリプトファンがあると *trp* リプレッサーと結合して活性化し，*trp* オペレーター部位に結合して mRNA の転写を抑制する．3-インドールアクリル酸（3-IAA）を培地に添加すると，*trp* リプレッサーにトリプトファンよりも強く結合して不活性化し，オペレーターからリプレッサーが解離して mRNA の転写がはじまる．

c *tac* プロモーター・*trc* プロモーター

tac プロモーターは，*trp* プロモーターの -35 コンセンサス配列の後に，*lac* プロモーターの -10 コンセンサス配列を組み合わせたプロモーターである．*lac* プロモーターの 5′ 側が *trp* プロモーターに置換されているため CAP 結合部位がなく，グルコースによる影響を受けず，IPTG のみによる転写制御が行える．

trc プロモーターは，*tac* プロモーターの一部を変異させ，制限酵素 *Hpa*II 切断部位を作成したものであり，転写活性は *tac* プロモーターの 90％である．

d　*araBAD* プロモーター

araC タンパク質がないと *araC* は mRNA に転写され，*araBAD* の mRNA は基礎レベルだけ転写される．araC タンパク質があり，cAMP と L-アラビノースが少ないと araC タンパク質が *araBAD* の転写を抑制する．cAMP と L-アラビノースが多いと，*araBAD* の転写が活性化する（図3.9）．

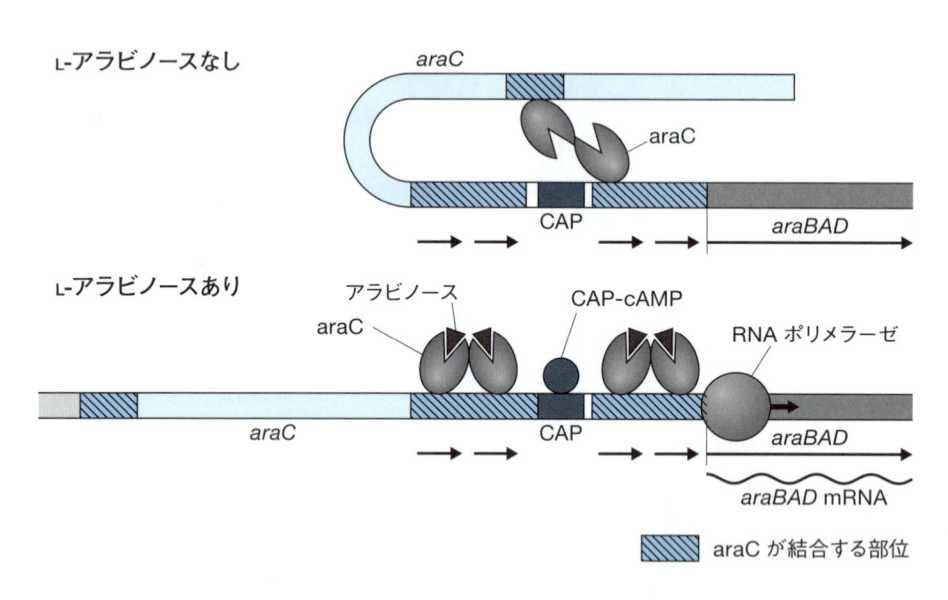

図3.9　*araBAD* の L-アラビノースによる転写制御

e　*cspA* プロモーター

cspA プロモーターからの転写は 37℃ でも行われるが，その下流の 5′ UTR が 37℃ では非常に不安定なため，効率的な翻訳は行われない．しかし，温度を 37℃ から 15℃ に低下させると，5′ UTR の構造が非常に安定となり，その結果，翻訳効率が上昇し，低温（15℃）で非常に効率よくタンパク質の合成が行われる．さらに，転写によって cspA タンパク質の N 末端の一部をコードする mRNA が生成すると，その mRNA の翻訳にリボソームが優先的に使用され，他の mRNA の翻訳にはリボソームがあまり供給されなくなる．

E　染色体に遺伝子を挿入するしくみ

真核生物の核にはプラスミドなどの環状 DNA がなく，安定的に子孫に外来遺伝子を定着させるには，染色体に外来遺伝子を挿入する必要がある．染色体に遺伝子を挿入する方法としては，ランダムに挿入するトランスポゾンと，狙った場所に挿入する相同組換えがある．ここでは，それぞれについて詳しく述べる．

a　トランスポゾン

トランスポゾン（transposon）*は，細胞内のゲノム上の位置を転移することができる塩基配列である．トランスポゾンが転移するためにはトランスポゼース（transposase：トランスポザーゼともいう）が必要であり，通常，トランスポゾンは自身の塩基配列中にこの転移酵素の遺伝子塩基配列をもっている．この転移酵素が細胞内で発現すると，トランスポゾンの塩基配列の両端にあるトランスポゾン特有の逆向き反復配列を認識して，トランスポゾンを DNA から切り取り，切り取られた DNA と転移酵素の複合体が形成されて他の DNA 上に移動し，転写酵素のはたらきによってトランスポゾンが DNA に挿入される．元々トランスポゾンが入っていた場所には，フットプリント（footprint）とよばれる逆向き反復配列一組（もしくはその一部）が残る．

転移酵素遺伝子がトランスポゾン内にあれば，次々に DNA 上を移動する自律型になる．転移酵素遺伝子をトランスポゾンから除去して，転移酵素遺伝子を複製起点のない別のプラスミドや転移酵素の mRNA などを供給すれば，短い時間だけ転移酵素を発現でき，DNA 上を動き回らず一部分にのみトランスポゾンが挿入され，その後，固定されるため解析が簡単になる（非自律型）．トランスポゾンの逆向き反復配列の間に選択マーカーと外来遺伝子を挿入したプラスミドを形質転換し，転移酵素の mRNA を導入すれば，転移酵素のはたらきで染色体 DNA に選択マーカーと外来遺伝子を導入することができる（図 3.10）．

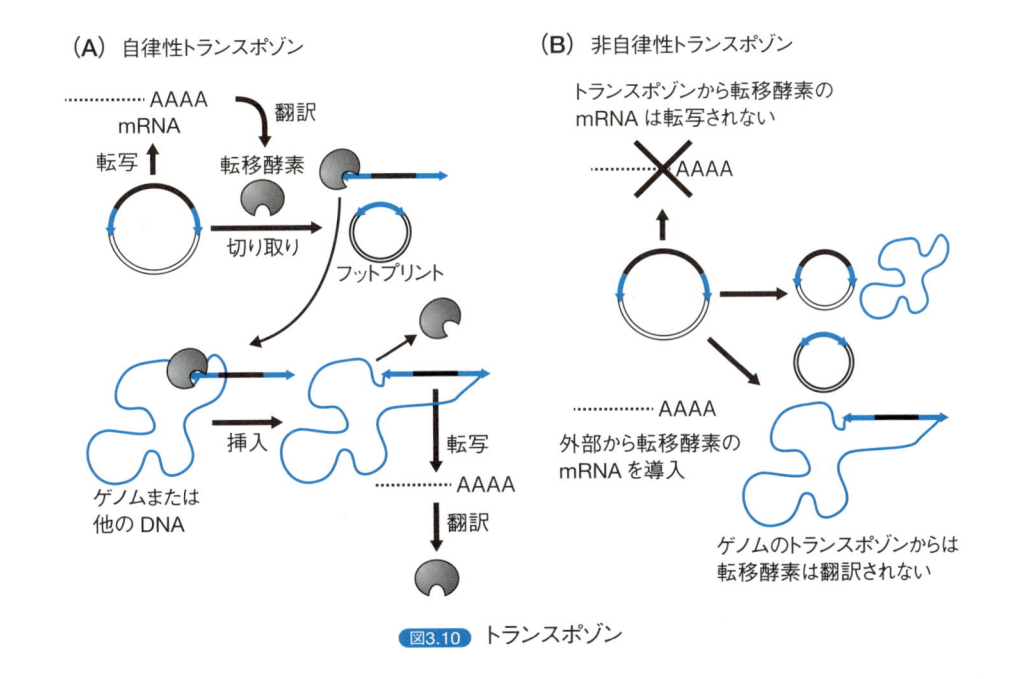

図3.10　トランスポゾン

用語　*トランスポゾン…DNA 断片が直接転移する DNA 型と，転写と逆転写の過程を経る RNA 型があるが，トランスポゾンは，狭義には DNA 型のみを，RNA 型はレトロポゾン（retroposon）とよばれる．転置因子（transposable element：Tn）や挿入配列（insertion sequence：IS）ともよばれる．バクテリオファージ Mu や性決定因子 F，種々の抗生物質抵抗性を支配する R 因子，ショウジョウバエの P 因子など原核生物や真核生物などさまざまな生物でみられる．

b 相同組換え

　相同性のある DNA 配列の間で行われる遺伝子組換えを，相同組換えという．相同組換えは，組換え酵素（リコンビナーゼ）とよばれる酵素によって行われる．さまざまな生物でDNA二本鎖切断の修復や外来遺伝子の取り込みなどに関与している．とくに，アグロバクテリウムは植物細胞に感染し，相同組換えによって自身の遺伝子を植物細胞のゲノムに導入することができるため，遺伝子工学的に重要である．アグロバクテリウムに関しては，4章において詳しく述べる．

　アグロバクテリウム属の細菌*で遺伝子工学に用いられるのは，*Agrobacterium tumefaciencs* と *Agrobacterium rhizogenes* で，それぞれ Ti, Ri プラスミドとよばれる 200 kbp 前後の巨大プラスミドを有している．このプラスミドの一部である T-DNA（transferred DNA）が，植物に感染すると植物のゲノムに組み込まれ，組み込まれた植物細胞中で発現し，クラウンゴール（Ti）あるいは毛状根（Ri）などの特徴的な形態の腫瘍などを引き起

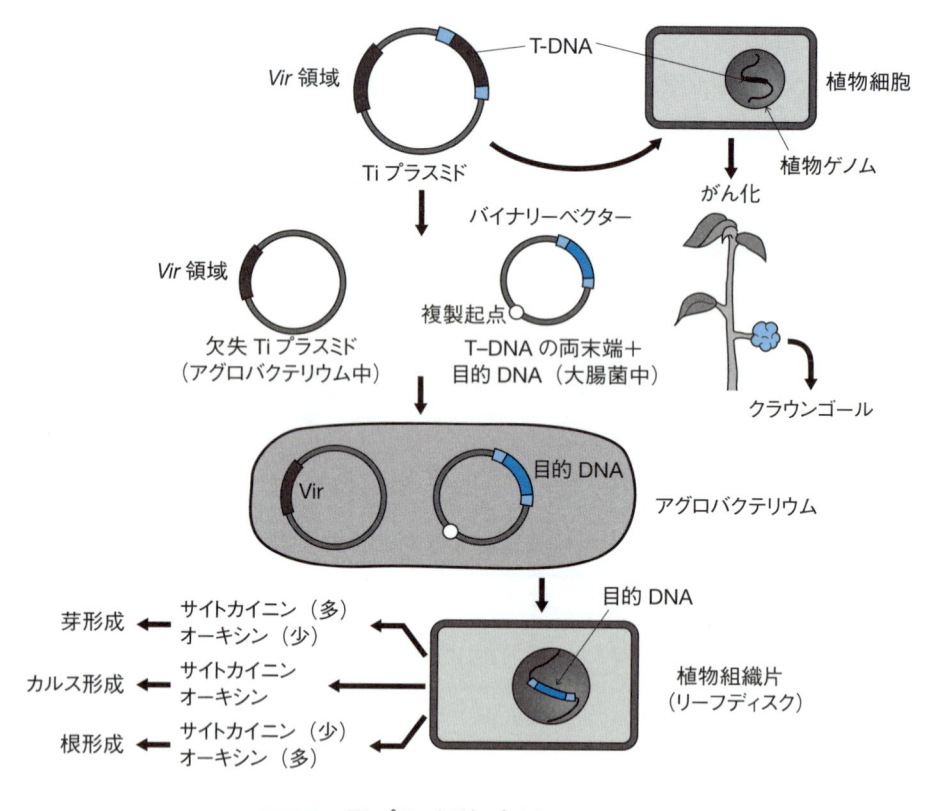

図3.11　Ti プラスミドとバイナリーベクター

*アグロバクテリウムの細菌が植物細胞に感染して，植物ゲノムに遺伝子が相同組換えされるためには，Ti プラスミドもしくは Ri プラスミド上にある vir 領域（植物細胞傷害シグナル物質・アセトシリンゴンのレセプター遺伝子，T-DNA の転移酵素遺伝子，植物細胞核への輸送タンパク質遺伝子など），T-DNA 領域（BL と BR の境界領域に挟まれた配列），染色体（植物細胞に付着する多糖類や環状 β-グルカンの合成酵素遺伝子など）の3つが必要である．したがって，植物細胞への感染には，アグロバクテリウム属の細菌を使用しなければならない．

こす．T-DNA と認識されるためには，境界領域 BL と BR が必要であり，この間に外来遺伝子や選択マーカーなどを挿入すれば，植物細胞に感染した際に，植物ゲノムにこれらの遺伝子が導入される．

　Ti プラスミドと Ri プラスミドは非常に大きいため，外来遺伝子を挿入するベクターとするには不向きである．そのための他の方法として，1 つは中間ベクターを，もう 1 つはバイナリーベクターを用いる方法がある．中間ベクターは，T-DNA の境界領域の一方と腫瘍形成遺伝子をすべてあるいは一部欠損したプラスミドを宿主・アグロバクテリウム属の細菌に入れておき，T-DNA のもう一方の境界領域と外来遺伝子や選択マーカーをクローニングベクターとして外部から宿主に形質転換して，宿主内で相同組換えが起こってはじめて境界領域が両方そろうものである．バイナリーベクターは，T-DNA を有する小型のクローニングベクターと，T-DNA を欠損して *vir* 領域を有する非感染型プラスミドの 2 つに分離して構築するものである（アグロバクテリウムに非感染プラスミドを形質転換したものを宿主に用いて，外来遺伝子を挿入したクローニングベクターを導入する，図 3.11）．

F　実際のベクター

　ここでは，このベクターとしてよく用いられるプラスミド，ファージなどの構造と外来遺伝子が挿入されたものの選抜方法などについて述べる．

a　プラスミド

　プラスミドは，宿主である細菌の細胞内で独立して存在する環状の二本鎖 DNA 分子である．遺伝子工学で用いられるプラスミドは，宿主内での物理的な力や酵素により分解される可能性があり，宿主に形質転換されにくい大きなプラスミドは用いられない．

　プラスミドは，主に 3 つの型に分類されている．第一は F プラスミドで，接合型のプラスミドである．2 つの菌の接合によって，一方にプラスミドの性質が移行する接合伝達が行われる．このプラスミドをもつ菌は F 繊毛を形成する．第二は薬剤耐性を示す R 型プラスミドで，このプラスミドの存在する菌はプラスミドによって各種の薬剤耐性を獲得できる．第三は Col プラスミドで，このプラスミドが形質転換されると，細菌を殺すタンパク質であるコリシンを産生する菌となる（自分自身は殺さない）．ここでは，遺伝子工学でよく使用される pBR322 や pUC18 について述べる．

1　pBR322

　pBR322（図 3.12）は，環状二本鎖 DNA 上にアンピシリン耐性遺伝子，テトラサイクリン耐性遺伝子をもっており，抗生物質耐性遺伝子を利用してプラスミドが形質転換された大腸菌を選択的に単離できる．また，抗生物質耐性遺伝子の途中にある制限酵素切断部位で切断後，外来遺伝子を挿入すると，挿入された抗生物質耐性遺伝子から翻訳されるタンパク質が変化して抗生物質耐性を発現しなくなる．抗生物質耐性が消失したことによって外来遺伝子が挿入されたことを確認

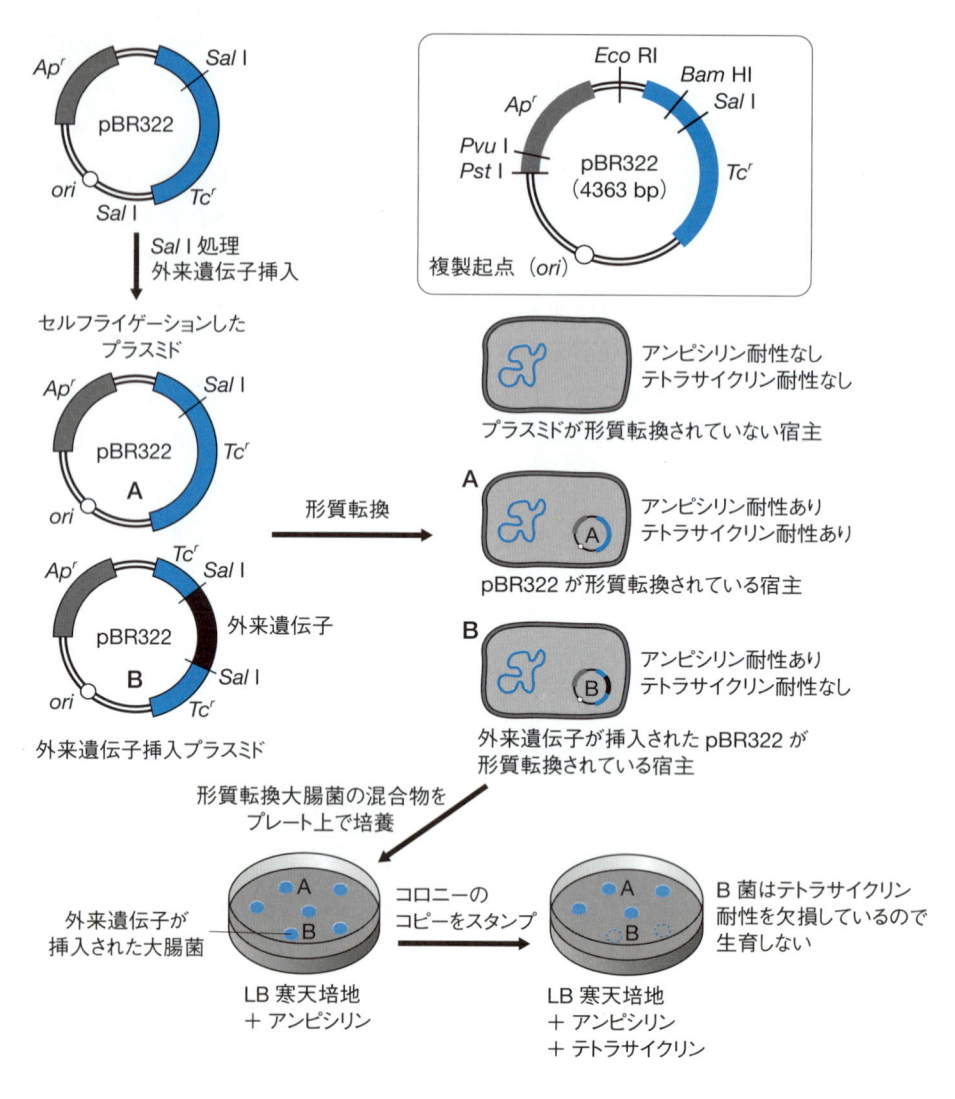

図3.12 pBR322の外来遺伝子の挿入と選抜方法

できる．

操作の具体例としては，テトラサイクリン耐性遺伝子の途中にある Sal I 切断部位を Sal I で切断し，Sal I で切断した外来遺伝子をこのプラスミドに挿入して，DNA リガーゼで結合して外来遺伝子が挿入されたプラスミドを再構成する．この過程で，プラスミドのすべてに外来遺伝子が挿入されずにセルフライゲーションされて元の pBR322 に戻ってしまったものも存在する．これらのプラスミドを大腸菌に形質転換して，アンピシリン添加の寒天培地上で培養する．形成されるコロニーを滅菌したビロードなどでコピーして，テトラサイクリンとアンピシリン添加の寒天培地上に植菌して培養する．後者のプレートで増殖せず，前者のプレートでは増殖するものが，外来遺伝子が挿入されたプラスミドが形質転換された大腸菌

である（図 3.12）．

セルフライゲーションとは，線状 DNA の両端がライゲーションされて環状 DNA になることをいう．遺伝子工学では，外来遺伝子をベクターの MCS に挿入する際に制限酵素処理とライゲーションを行った結果，外来遺伝子が挿入されずにもとのベクターと同じものができることをセルフライゲーションとよぶことが多い．セルフライゲーションを起こしにくくする操作としては，（i）制限酵素処理したプラスミドをアルカリホスファターゼ処理することで，DNA リガーゼによるプラスミドのみの閉環を防ぐ（図 3.13）．（ii）異なる 2 つの制限酵素で処理することで，プラスミドのみの閉環を防ぐ（図 3.14）方法がある．

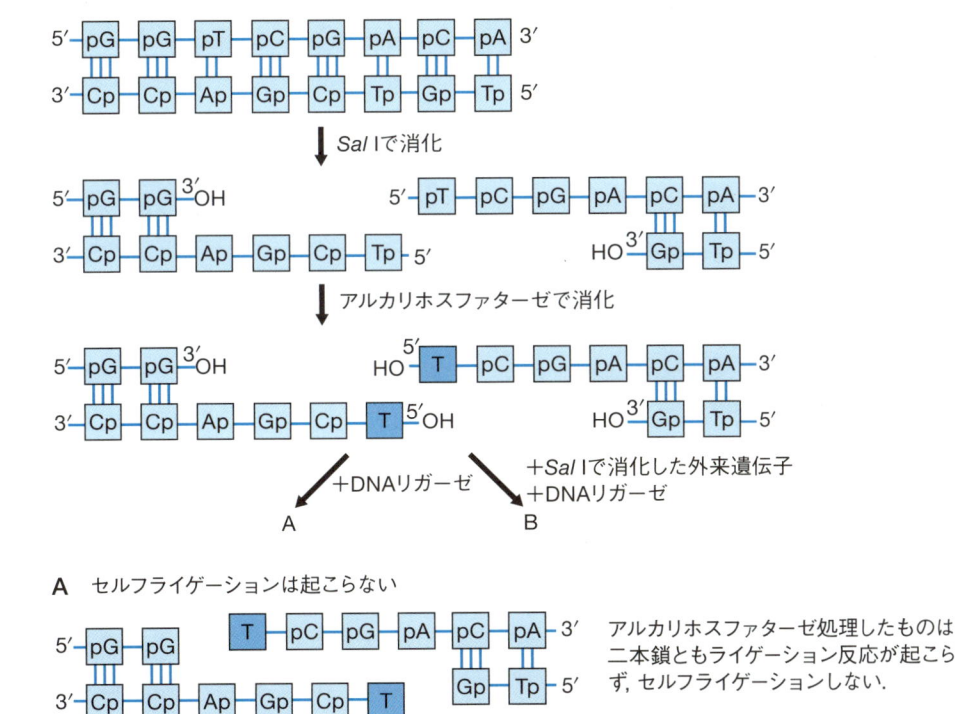

A セルフライゲーションは起こらない

アルカリホスファターゼ処理したものは二本鎖ともライゲーション反応が起こらず，セルフライゲーションしない．

B 外来遺伝子の挿入

ライゲーションは片方の鎖に起こり，外来遺伝子とプラスミドが結合される．外来遺伝子が長いので，塩基対の水素結合力は強く，二本鎖形成は解離しない．大腸菌に形質転換すると，共有結合していないニック部分は修復されて閉環する．

図3.13 アルカリホスファターゼ処理によるセルフライゲーション防止の原理

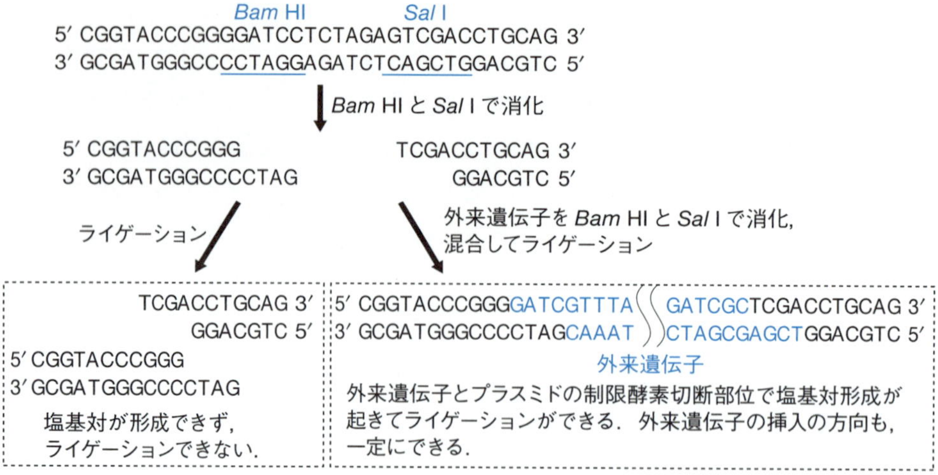

```
                    Bam HI      Sal I
          5′ CGGTACCCGGGGATCCTCTAGAGTCGACCTGCAG 3′
          3′ GCGATGGGCCCCTAGGAGATCTCAGCTGGACGTC 5′
                        │
                        │ Bam HI と Sal I で消化
                        ▼
        5′ CGGTACCCGGG              TCGACCTGCAG 3′
        3′ GCGATGGGCCCCTAG          GGACGTC 5′

         ライゲーション ╲         ╱ 外来遺伝子を Bam HI と Sal I で消化，
                        ╲       ╱  混合してライゲーション
                         ▼     ▼
```

┌──────────────────────┐ ┌───┐
│   TCGACCTGCAG 3′ │ │ 5′ CGGTACCCGGGGATCGTTTA GATCGCTCGACCTGCAG 3′ │
│   GGACGTC 5′   │ │ 3′ GCGATGGGCCCCTAGCAAAT CTAGCGAGCTGGACGTC 5′ │
│ 5′ CGGTACCCGGG   │ │   外来遺伝子   │
│ 3′ GCGATGGGCCCCTAG   │ │ 外来遺伝子とプラスミドの制限酵素切断部位で塩基対形成が│
│ 塩基対が形成できず， │ │ 起きてライゲーションができる．外来遺伝子の挿入の方向も， │
│ ライゲーションできない．│ │ 一定にできる．   │
└──────────────────────┘ └───┘

図3.14 2種類の制限酵素処理によるセルフライゲーション防止の原理

pBR322 は，さらに1つの宿主菌の中で大量にコピーされる．とくに，クロラムフェニコールのようなタンパク質合成を阻害する薬剤の存在下では，1つの宿主内で 1,000〜3,000 コピーにも増やすことができる．

2 pUC18

pUC18 は，pBR322 をもとに作成され，アンピシリン耐性遺伝子とレポータージーンとして *lacZ* の一部のポリペプチド遺伝子を有している．*lacZ* の残りのポリペプチド遺伝子を染色体にもつ大腸菌を宿主とすれば，pUC18 が形質転換されたものだけにラクターゼ活性が発現される（α-相補性）．ラクターゼ活性は，X-gal を加えることによって，濃い青色産物が形成することで確認できる．pUC18 の *lacZ* 遺伝子の上流には，*lac* オペレーター，さらにその上流には *lac* プロモーターが存在する．mRNA の転写が *lac* オペレーターに結合している lac リプレッサータンパク質によって抑制されるので，インデューサーである IPTG を添加することでリプレッサータンパク質を遊離させる．外来遺伝子は，pUC18 の *lacZ* 遺伝子の途中にあるマルチクローニングサイト（MCS）に挿入する．外来遺伝子が挿入されると，ラクターゼが正常に発現できず，X-gal を分解して青色産物を形成できない．アンピシリンと X-gal と IPTG を添加した寒天培地に，外来遺伝子を MCS に挿入したプラスミドを形質転換した大腸菌を塗布して培養すると，以下の3種類の菌が区別できる．形質転換されなかった大腸菌は，アンピシリン耐性がなくコロニーを形成できない．外来遺伝子が挿入できなかった pUC18（制限酵素による切断不十分あるいはセルフライゲーション）は，アンピシリン耐性をもち，ラクターゼが発現して青色コロニーを形成する．外来遺伝子が挿入された pUC18 が形質転換された大腸菌は，アンピシリン耐性はもつが，ラクターゼ活性を発現しないので

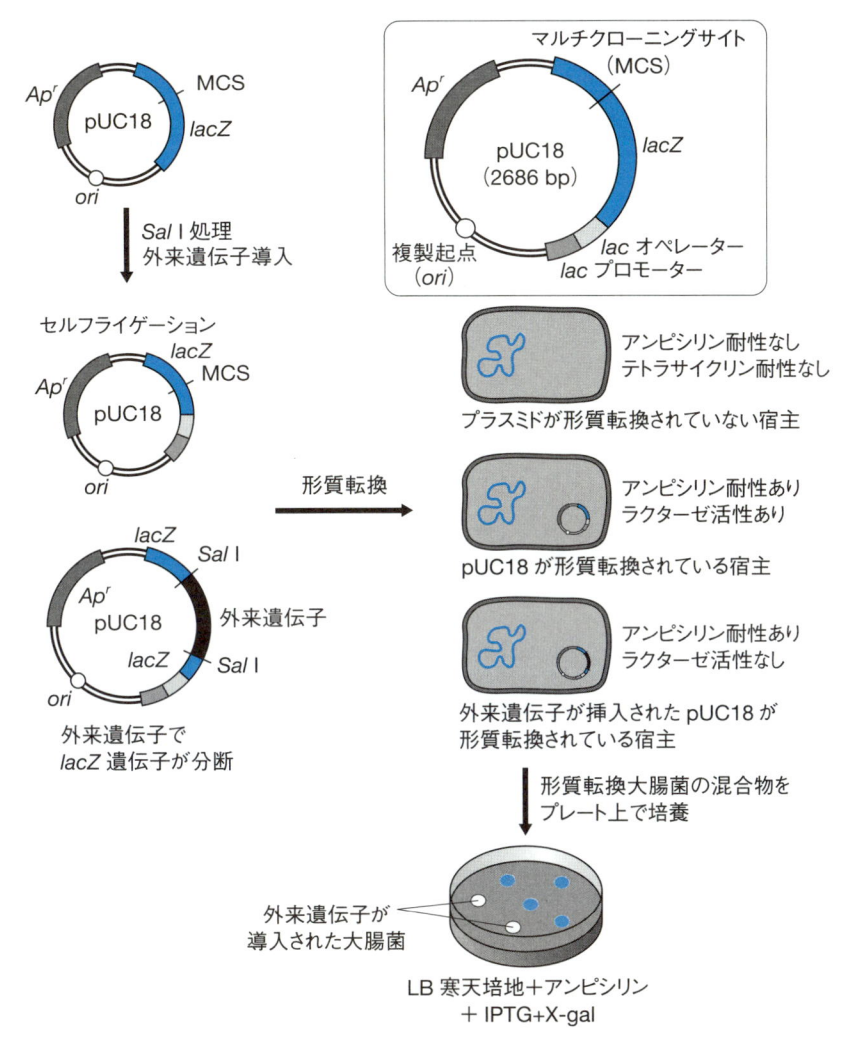

図3.15 pUC18の外来遺伝子の挿入と選抜方法

白色コロニーを形成する．すなわち，白色コロニーを単離することで外来遺伝子が挿入されたプラスミドを含有する大腸菌が選抜できる（図3.15）．

3 TAベクター

PCRでDNAを増幅する際，DNAポリメラーゼにTaqポリメラーゼ系を用いると，3′末端側にdAが1塩基突出した断片が合成される．この合成されたPCR産物を直接ベクターに挿入するため，3′末端にdTを1塩基突出させたベクターを用意して混合し，DNAリガーゼによってライゲーションすることで，簡便に外来遺伝子を挿入できる．ベクターは両端の3′末端にdTが突出しているため，セルフライゲーションが起こらない利点がある．DNAクローニングベクターや発現用ベ

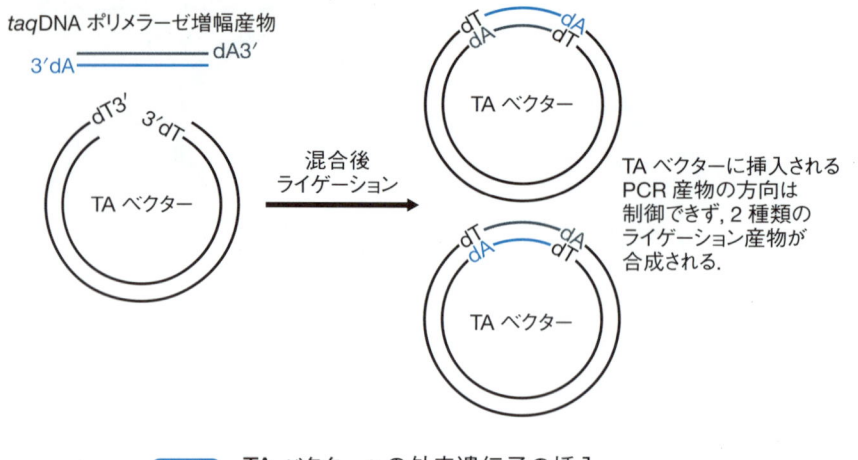

図3.16 TAベクターへの外来遺伝子の挿入

クターとして利用できるが，外来遺伝子の挿入方向の制御はできない（図3.16）．

4 発現ベクター

発現ベクターは，外来遺伝子を挿入して，そこから翻訳されるタンパク質を大量に発現させるためのベクターである．合成されるタンパク質が宿主にとって有害であることが多いため，プロモーターとオペレーターで制御されている．対数増殖期まで培養した後，誘導剤であるIPTG（pUC系，pET系）やアラビノース（pBADなど）の添加や低温で培養すること（pCold系）など，それぞれのプラスミドに対して，タンパク質の発現条件に合った方法で操作して高発現させる．外来遺伝子は，コドンがフレームシフトしないように，ベクターのマルチクローニングサイトやTAクローニング部位に挿入する．宿主は，プロテアーゼを欠損したもの，タンパク質の折りたたみを助けるシャペロニンを共発現するもの，タンパク質のジスルフィド結合を促進するもの，大腸菌では少ないレアコドン（AUA, AGG, AGA, CUA, CCC, CGG, GGA）を強化したものなどを用いる．

発現後のタンパク質の精製が簡便になる，あるいは，翻訳されたタンパク質の可溶性を向上するために，タンパク質あるいはペプチドと融合タンパク質の形で発現させることが可能である．精製後，不要な部分を適切なプロテアーゼで消化後，適切な方法で除去する．以下によく使用されているマルトース結合タンパク質，グルタチオンSトランスフェラーゼ（GST），ポリヒスチジンタグ（His-tag）について述べる．

i）マルトース結合タンパク質（MBP）

　MBP遺伝子の3'末端に目的タンパク質の遺伝子を挿入して，融合タンパク質として発現させる．アミロースを結合した樹脂を充填したカラムに大腸菌抽出

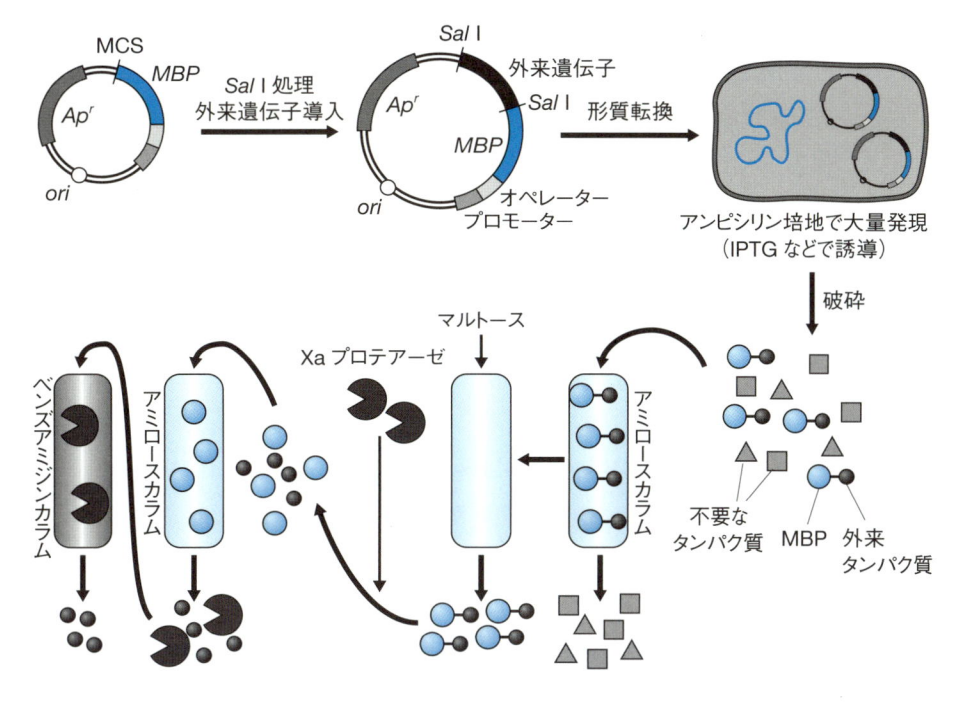

図3.17 MBP 融合タンパク質の発現と精製

液を通過させると，MBP 融合タンパク質が結合し，その他のタンパク質はカラムから溶出する．このカラムにマルトース溶液を通液すると，MBP 融合タンパク質がカラムから溶出して回収できる．

MBP と目的タンパク質の間には，凝血因子 Xa プロテアーゼ認識配列（Ile-Glu-Gly-Arg）があるので，Xa プロテアーゼによって切断すると Arg の後で切断できる．切断された MBP は，アミロース結合カラムで吸着除去でき，Xa プロテアーゼはベンズアミジン（セリンプロテアーゼ阻害剤）を結合したカラムで吸着除去できる（図 3.17）．

ii）グルタチオン S トランスフェラーゼ（GST）

GST 遺伝子の 3′ 末端に目的タンパク質の遺伝子を挿入して，融合タンパク質として発現させる．グルタチオンを結合した樹脂を充填したカラムに大腸菌抽出液を通過させると，GST 融合タンパク質が結合し，その他のタンパク質はカラムから溶出する．このカラムに還元型グルタチオン溶液を通液すると，GST 融合タンパク質がカラムから溶出して回収できる．

GST と目的タンパク質の間には，トロンビン認識配列（Ile-Val-Pro-Arg-Gly-Ser）があるので，トロンビンによって切断すると Arg の後で切断できる．切断された GST は，グルタチオン結合カラムで吸着除去でき，トロンビンはベンズアミジンを結合したカラムで吸着除去できる．

iii）ポリヒスチジンタグ（His-tag）

ヒスチジンが7連続で結合したペプチド遺伝子（His-tag）の3′末端もしくは5′末端に目的タンパク質の遺伝子を挿入して，融合タンパク質として発現させる．ニッケルイオン，コバルトイオンや銅イオンを担持した nitrilotriacetic acid（NTA）を結合した樹脂を充填したカラム（金属キレートカラム）に大腸菌抽出液を通過させると，His-tag タンパク質が結合し，その他のタンパク質はカラムから溶出する．このカラムにイミダゾール溶液を通液すると，His-tag タンパク質がカラムから溶出して回収できる．

HQ-tag（His-Gln-His-Gln-His-Gln），HN-tag（His-Asn-His-Asn-His-Asn-His-Asn-His-Asn-His-Asn），HAT-tag（ニワトリの乳酸脱水素酵素由来のペプチドタグ：Lys-Asp-His-Leu-Ile-His-Asn-Val-His-Lys-Glu-Glu-His-Ala-His-Ala-His-Asn-Lys）も，His-tag と同じようなはたらきをする．

b　バクテリオファージ

細菌（ここでは主に大腸菌）に感染し，細菌の多くの酵素や合成のシステムを利用して子孫をたくさん形成するウイルスをバクテリオファージとよび，感染する細菌を宿主とよんでいる．

バクテリオファージは，分子生物学の学問の夜明けの中で大切な役割をはたした．多くの研究者はバクテリオファージを材料として，遺伝子の合成やタンパク質合成までの過程を明らかにした．遺伝子工学においては，バクテリオファージは遺伝子の単離や解析の道具として用いられている．ここでは，とくに遺伝子ライブラリーや塩基配列決定に用いられているλファージと M13 ファージについて解説する．

λ ファージは，約 49,000 塩基対の直線状二本鎖 DNA をもつファージである．この二本鎖 DNA の両端は，5′末端が 12 塩基突き出している構造を有している．この部分を付着末端（cohesive end：cos 部位）とよぶ．この cos 部位はお互いに相補的で，末端どうしが塩基対を形成して環状 DNA を生じることができる．λ ファージの頭部は，この cos 部位を両端に有する断片となるように収納される．約 49,000 塩基対の DNA 上にはλ ファージの構成タンパク質を合成する遺伝子や，ファージが宿主である大腸菌に感染直後にはたらく酵素，タンパク質を合成する遺伝子群が存在する．宿主内で自分自身の子孫を形成するために直接的に不必要な DNA は約 10,000 塩基対であり，この部分を削除して外来遺伝子の挿入などを行うことができる（図 3.18）．

M13 ファージはλ ファージとは異なり，一本鎖の約 6,400 塩基からなる環状の DNA をもつ．形態的には糸状の構造をしている．このファージは大腸菌を宿主とするが，大腸菌の中でも性線毛（F pili）をもつ株のみ感染する．性線毛を通して宿主に注入された DNA は，宿主内でこの一本鎖（＋鎖）をもとに相補的な鎖を合成し，二本鎖となる（RF）．この二本鎖の一方の鎖（−鎖）をもとに＋鎖をたくさん合成し，この DNA をもとにウイルス構成タンパク質を合成する．この結果，成熟した M13 ファージを宿主あたり約 1,000 個合

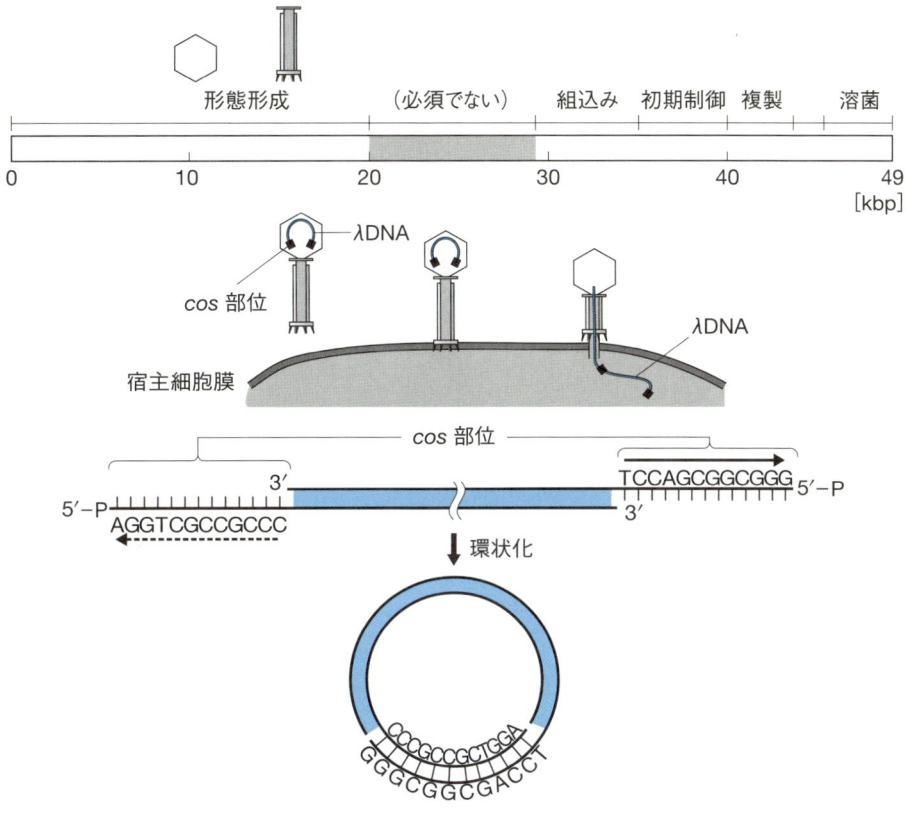

図3.18　λファージの構造とcos配列

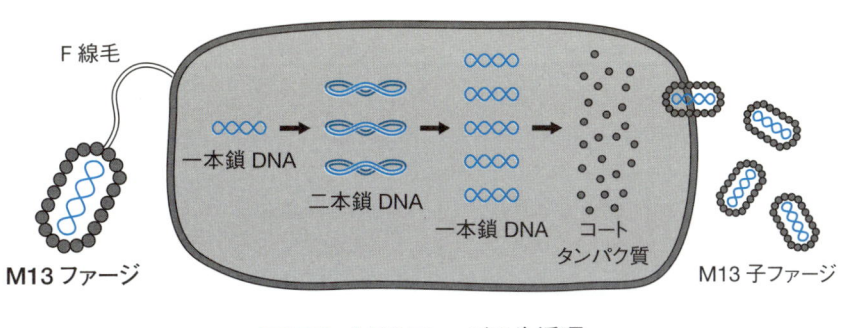

図3.19　M13ファージの生活環

成して放出する（図 3.19）．

1 ファージベクター

λファージが子孫を形成する際に直接関係のない部分に外来遺伝子を挿入して，ファージをベクターとして用いるものをファージベクターという．λファージの頭部と尾部のタンパク質を含む試験管に，λファージDNAを混合させるとcos部

位を認識して，cos 末端から次の cos 末端までの DNA がファージの頭部に格納され，頭部に尾部が結合して完全な λ ファージとなる試験管内再構成（*in vitro* パッケージング）が起こる（図 3.20）．ただし，頭部に格納されるのは，cos 間が 36〜51 kbp 離れたものであるため，約 9〜23 kbp（EMBL3, 4）の外来遺伝子が挿入できる（図 3.21）．これを大腸菌に感染させると，ファージベクター DNA が挿入される．また，ファージ形成のための遺伝子が残存しているので，感染力も保持している．

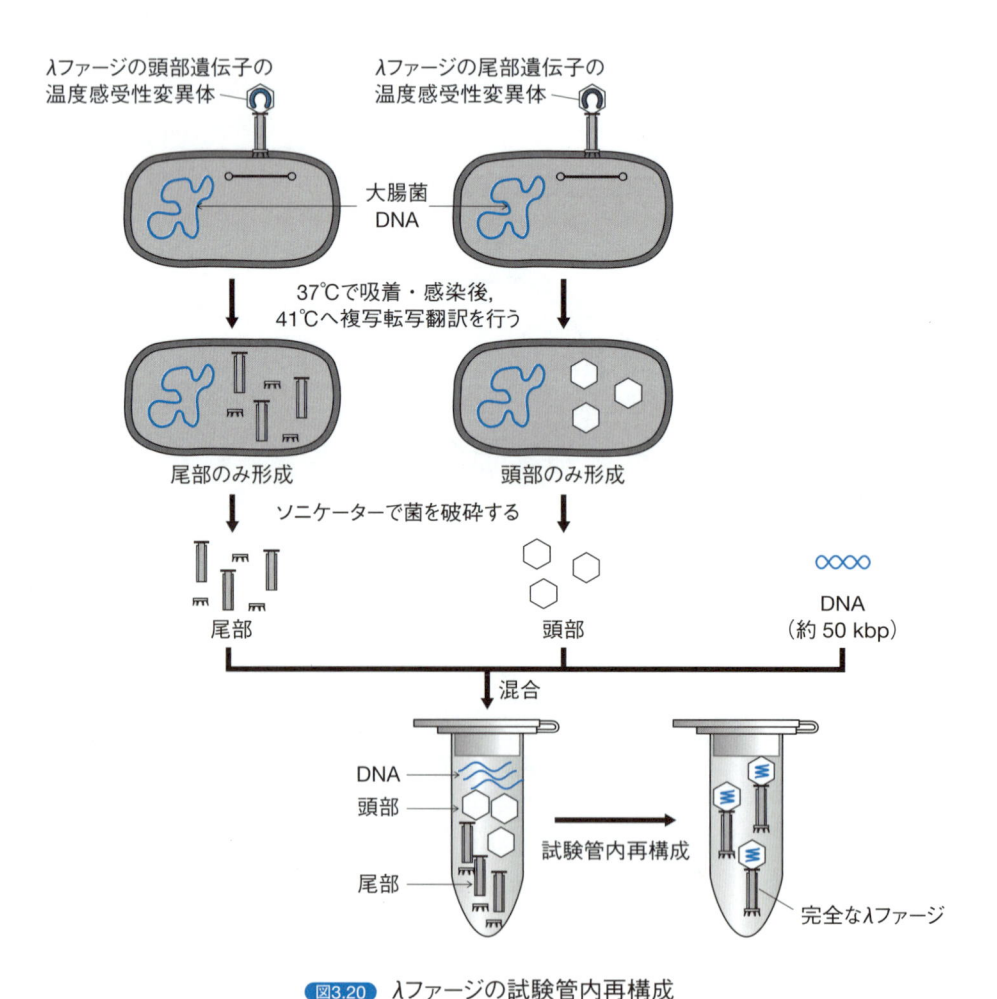

図3.20 λファージの試験管内再構成

図3.21 ファージベクター EMBL3

2 コスミド

コスミド（cosmid）は，λバクテリオファージのDNAの性質とプラスミドの機能を併せもつDNAベクターのことで，人工的に作製されたものである．

プラスミドは大きくなると，宿主への導入効率が極端に悪くなる．これを解消するために，大腸菌での複製起点と薬剤耐性遺伝子（アンピシリン耐性遺伝子など）およびλファージの cos 配列を有するコスミドを用いる．コスミドと外来遺伝子を制限酵素（Bam HI など）で消化して混合した後，DNAリガーゼでライゲーションを行う．ライゲーション反応物を試験管内再構成した後，大腸菌に感染させると，頭部に格納されているDNAが大腸菌に放出され，cos 配列末端が結合してプラスミドを形成する．このコスミドには，ファージ粒子をつくる遺伝子がないので感染力はなく，プラスミドとして機能することができる（図3.22）．この方法を利用すると，プラスミドとしては細菌に導入することが難しかった長い異種DNA

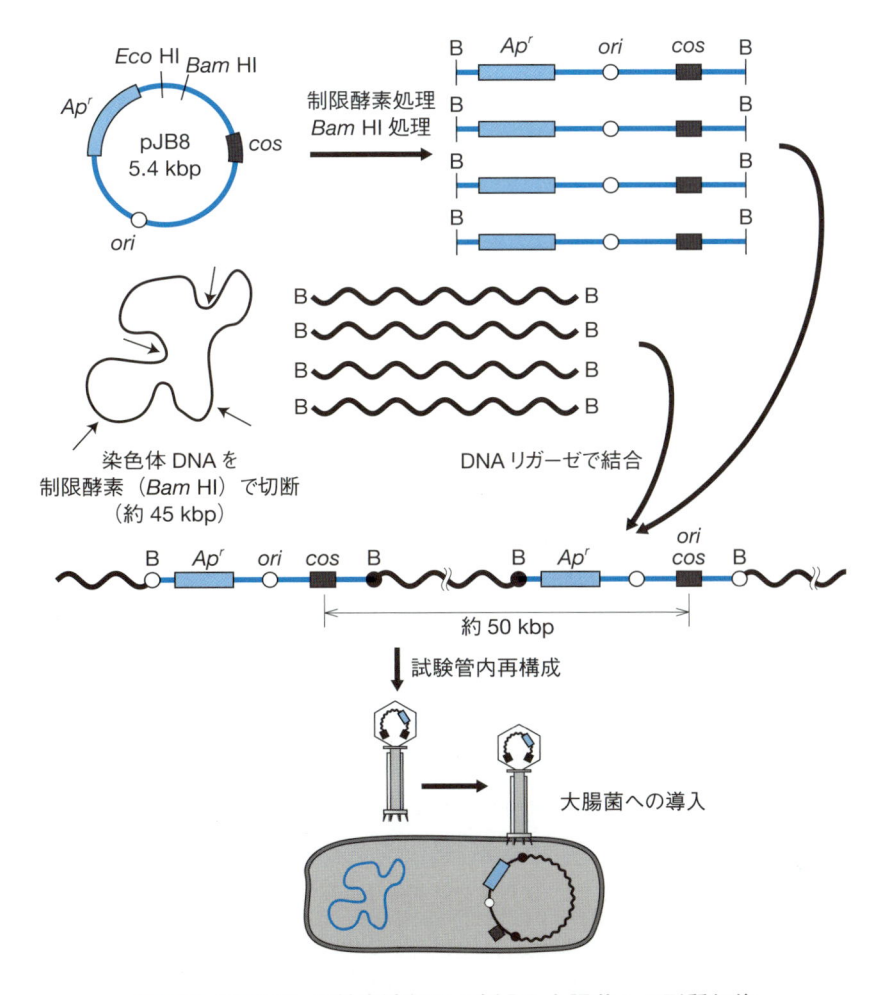

図3.22 コスミドへの外来遺伝子の挿入と大腸菌への形質転換

断片（約 50,000 塩基対）を，ファージ粒子を介して達成することができる．

3 ファージミド

コスミドが λ ファージのような二本鎖 DNA ファージの複製起点（cos 配列）を有するプラスミドであるのに対し，M13 ファージのような一本鎖 DNA ファージの f1 複製起点（I と T 配列）を有するプラスミドをファージミドという．pBluescript II（約 3 kbp）はそのうちの 1 つで，アンピシリン耐性遺伝子，ラクターゼ遺伝子，大腸菌での複製起点，f1 複製起点をもつプラスミドである．マルチクローニングサイトはラクターゼ遺伝子中にあるので，ここに外来遺伝子を挿入するとラクターゼ活性が発現しなくなり，アンピシリン，IPTG と X-gal 培地に塗布したコロニーは白色になる（外来遺伝子が挿入されていないものは青色コロニーとなる）．このファージミドは，ファージ粒子形成のための遺伝子がないため，ファージ粒子を形成できない．F 線毛を形成する宿主であれば，f1 ヘルパーファージを感染させると，ヘルパーファージから f1 ファージの DNA 複製酵素が f1 複製起点を認識して一本鎖 DNA となり，ファージ粒子中に収納される．F 線毛を形成する宿主に感染して，一本鎖 DNA が細胞内に注入され，プラスミドの複製起点を用いて細胞内で二本鎖のプラスミドになる．感染した宿主は溶菌せずに，アンピシリン耐性遺伝子が発現することでアンピシリン耐性を有するようになる．

一本鎖 DNA を形成できることのメリットは，遺伝子変異を起こさせやすいことと DNA 塩基配列の解析の際に，きれいな解析結果を得ることができることである．ファージミドの形質転換は，外来遺伝子があまり大きくなければ，コンピテントセルやエレクトロポレーションで挿入する．外来遺伝子が大きければ（0〜10 kbp まで挿入可能），λZAPII ベクター（内部に Bluescript がすでに挿入されている）というコスミドを用いて外来遺伝子を挿入した後，試験管内再構成で λ ファージを構築してから大腸菌に感染させる．感染した宿主に f1 ヘルパーファージを感染すると，一本鎖 pBluescript がファージ粒子に取り込まれて大腸菌外に放出される．これを未感染の F 線毛を有する大腸菌に感染させ，アンピシリン，IPTG，X-gal が含有された培地で培養すると，白色コロニーを形成するので選抜が可能になる．

4 その他のベクター

コスミドは，約 50 kbp の大きさまで長い DNA を挿入できるが，ヒト DNA のような長い DNA は，さらに長い断片を挿入できると解析が容易になる．また，血液凝固因子 VIII（〜190 kbp）や Duchenne 型筋ジストロフィーの原因遺伝子（2 Mbp）のように巨大な遺伝子が次々にみつかってきたことから，これらの構造解析，発現などにも有効である．このような巨大な DNA 断片を挿入可能なベクター系として開発されたのが YAC（yeast artificial chromosome）ベクターである．このベクターを用いることで数百 kbp から数 Mbp（1 M＝10^6 塩基対）の巨大な DNA を単

離解析することが可能となった．このプラスミドは，pBR322 を骨格としてつくられた大腸菌と酵母のシャトルベクターである．また，ARS と略される複製開始点，細胞分裂時に紡錘糸が結合し極の移動に重要なセントロメア，染色体の両端にあって安定性に寄与するテロメアを有しており，Bam HI で消化することによって直線状の人工染色体を構築できるようになっている．人工染色体には，TRP1 と URA3 の遺伝子があり，それぞれトリプトファン栄養要求株やウラシル栄養要求株を宿主として，最少培地で生育したものを選択することで，人工染色体が形質転換された酵母を選択できる．また，外来遺伝子は SUP4*遺伝子の途中にある制限酵素切断部位に挿入することができ，外来遺伝子が挿入されたものが形質転換されれ

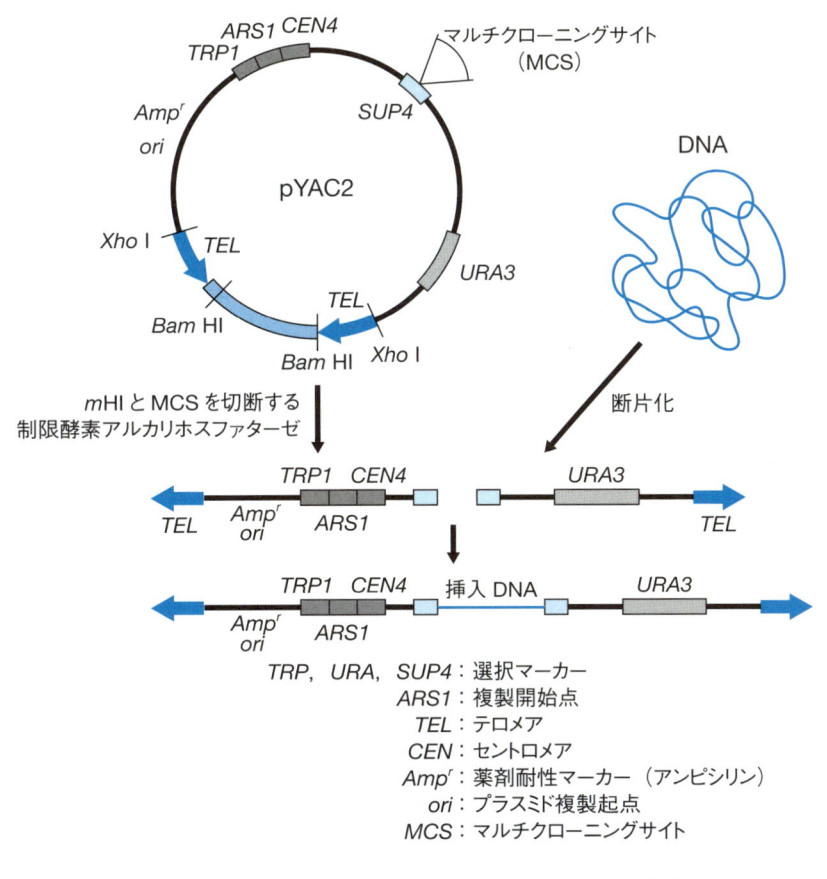

図3.23　pYAC2 ベクターへの外来遺伝子の挿入

TRP，URA，SUP4：選択マーカー
ARS1：複製開始点
TEL：テロメア
CEN：セントロメア
Amp^r：薬剤耐性マーカー（アンピシリン）
ori：プラスミド複製起点
MCS：マルチクローニングサイト

*SUP4 は，サプレッサー tRNA（UAA 終止コドンと結合する tRNA）を合成する DNA である．塩基が変化して終止コドンが生じるナンセンス変異が起こると，ペプチドの伸長反応が停止して予定よりも短いペプチドが合成される．終止コドンに結合するのはペプチドアンチコドンであり tRNA は本来合成されないが，サプレッサー tRNA（終止コドンに結合するアンチコドンをもつ tRNA）が合成されると，停止コドンにチロシンを振り当てて終止コドンを読み飛ばし，とりあえずタンパク質を合成する．つまり，サプレッサー tRNA を発現させることでナンセンス変異を抑制することができる．サプレッサー tRNA は，プラスミドの状態だと欠落することが多いが，染色体上だと安定する．宿主に ade6-704 変異体を用いると，サプレッサー tRNA がない（SUP4 に外来遺伝子が挿入されたもの）とピンク色のコロニーを形成し，サプレッサー tRNA が存在すると（SUP4 に外来遺伝子が挿入されなかったもの）白色になるので，インサートチェックを行いやすい．

ばピンク色のコロニーが形成される（外来遺伝子が挿入されなかったものは白色コロニーとなる）（図 3.23）．

酵母の形質転換は，グルカナーゼによって細胞壁を溶かしてスフィロプラスト化した後，ポリエチレングリコール存在下でDNAを取り込ませる方法，酵母を酢酸リチウムで処理することによってDNAを取り込ませやすくする方法，エレクトロポレーション法などさまざまな方法で行う．

3.3 微生物への遺伝子導入法

外来遺伝子を挿入したベクターが構築できれば，宿主にこの遺伝子を導入する．遺伝子導入の際には，ベクターの数に比べて非常に多くの宿主を用いることで，1つの宿主に2つ以上のベクターが入らないようにする．ベクターが導入されなかった宿主が増殖できず，ベクターが導入された宿主のみが増殖できるような条件で培養し，その中で，外来遺伝子が挿入されたベクターをもつ宿主を選択する．

遺伝子を宿主に導入する方法は，細胞膜の性質を変化させるもの，感染・膜融合を利用するもの，物理的に導入するものなどさまざまである．その中で，操作が簡便で，形質転換効率や生存率が高く，再現性が高いものを選択する必要がある．ここでは，細菌などをはじめ，植物や動物で用いられている遺伝子導入法をまとめて記載する（4章も参照のこと）．

A コンピテントセル

大腸菌への遺伝子導入に最もよく用いられる方法である．大腸菌を低温（18℃）で培養し，その後カルシウム・マンガン・カリウムを含むバッファーで処理することで，コンピテントセル*を構築できる．導入したい遺伝子をコンピテントセルに混合することで，膜に遺伝子が結合し，42℃で短時間処理することで細胞内に取り込まれる．37℃，SOC培地中でしばらく培養すると，通常の細胞膜に再生し，抗生物質耐性遺伝子なども発現した状態となる（図 3.24）．この状態のものを，抗生物質含有選択培地に塗布することで，目的遺伝子が導入された細胞のコロニーを選抜することができる．

安定的に高い形質転換効率が得られ，長期保存にも耐えられる．1970年にM. MandelとA. Higaによって開発され，1990年にH. Inoueらによって改変された．

B バクテリオファージ

細菌に感染し，細菌の多くの酵素や合成システムを利用して子孫をたくさん形成するウイルスをバクテリオファージとよぶ．このファージを感染させることで，細菌を形質転換

用語 *コンピテントセル…外来遺伝子を取り込むことができるようになった細胞．

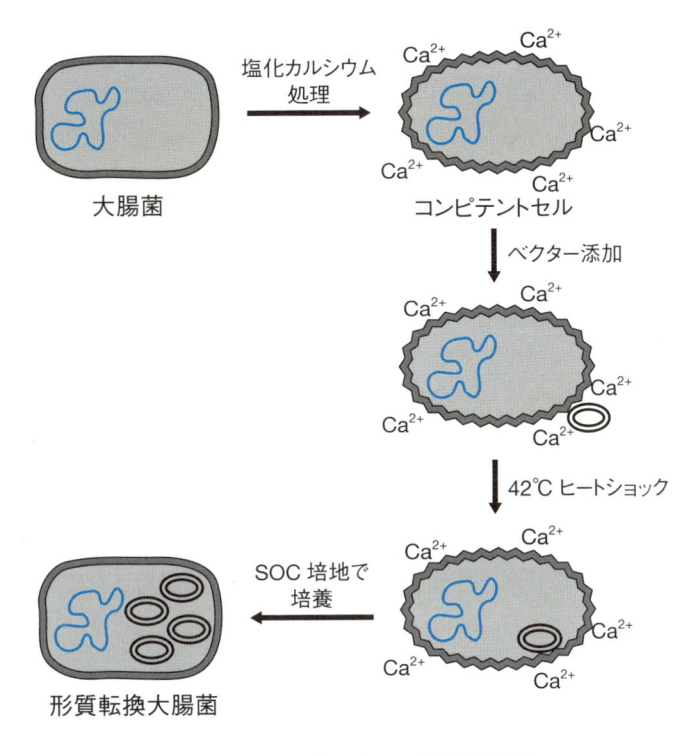

図3.24 コンピテントセルと形質転換

することができる．λファージやM13ファージが用いられることが多い．λファージは試験管内再構築が可能であり，形質転換効率も高い．

C 接合伝達

さまざまな細菌には性線毛を細胞周囲に伸ばし，他の細胞に物理的に接触後，接合管を形成して遺伝子の一部を伝達する接合伝達を行うものがある．細菌の接合伝達は，F因子のプラスミドをもつ遺伝子供与菌から，それをもたない受容菌にプラスミドが導入される．Fプラスミドが導入された受容菌は，トランスコンジュガンド（接合体）となり，遺伝子供与菌となる．接合伝達には，最低限 mob, tra, oriT, oriV 遺伝子群が必要である．tra は性線毛形成，接合管形成，接合制御に関する遺伝子群の総称である．mob は oriT の部分の二本鎖の一方を切断してニックをつくるニック酵素で，oriT の部分から一本鎖に解離して，接合管を通過して，接合伝達能がない菌に送られる．両方の菌体内の一本鎖DNAは，プラスミドの複製開始点（oriV）を利用して，二本鎖プラスミドに複製される．mob と tra は別々に機能するので，別々のプラスミド上に存在してもよい．また，原核生物から原核生物はもちろん，原核生物から真核生物への接合伝達も行われる．

D アグロバクテリウム法

植物病原菌であるアグロバクテリウム属（正式な学名は *Rhizobium* 属）の細菌を用いて，植物のゲノムに遺伝子を相同組換えによって導入する方法である．詳しくは p.110 参照．

E エレクトロポレーション法

エレクトロポレーション法は，電気穿孔法ともよばれる．細胞の懸濁液に形質転換したい遺伝子を混合しておき，高電圧パルスをかけると細胞膜に微小な穴が空き，DNA を内部に送り込むことで形質転換できる（図 3.25）．1 回の高電圧パルスで DNA を挿入するものや，第一段階目に高電圧パルスで穿孔を空け，第二段階目に比較的低電位で DNA を電気泳動によって細胞内に導入するなどさまざまである．高電圧パルスをかけると熱が発生するので，電圧をかけた後に，氷冷した培地を添加して冷やし，ピペッティングなどで細胞を均一に撹拌することが必要である．

この方法は，大腸菌や糸状菌，動物細胞などの形質転換に使用されている．また，植物の場合は，植物ホルモンによってカルスにした後，セルラーゼとペクチナーゼ（ポリガラクツロナーゼなど）で処理したプロトプラストにしたものに対してエレクトロポレーションを行い形質転換する．形質転換したプロトプラストは，適切な培地で生育することで細胞壁が再生される．

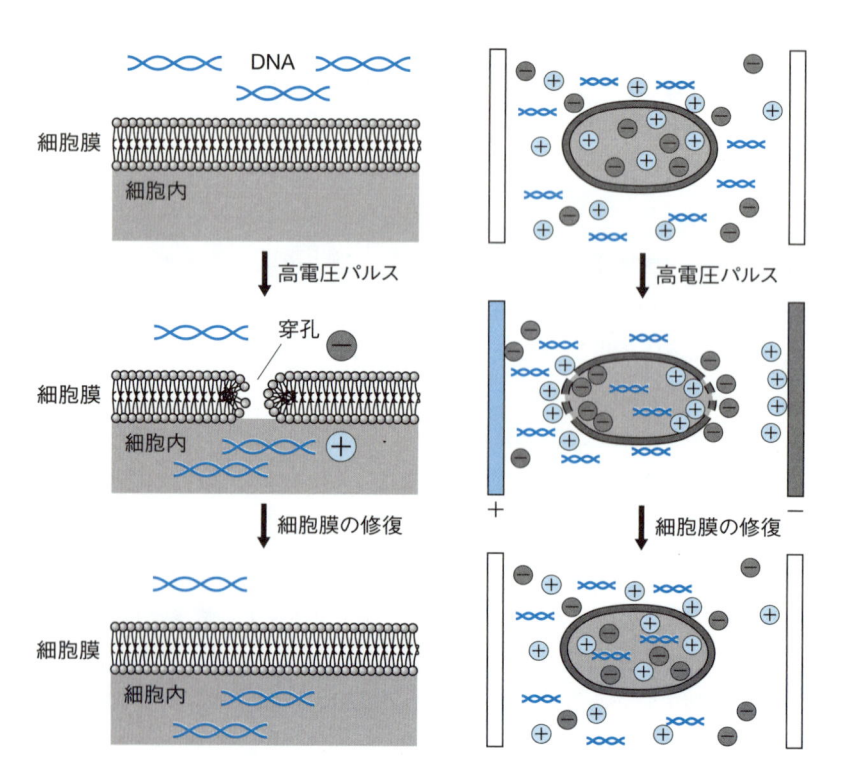

図3.25 エレクトロポレーション法の原理

F 酵母・糸状菌・担子菌への形質転換

酵母細胞にDNAを導入する方法として，スフェロプラスト*法，酢酸リチウム法，エレクトロポレーション法の3つが主に用いられている．スフェロプラスト法は，グルカナーゼによって細胞壁を溶かしてスフェロプラスト化した後，ポリエチレングリコール（PEG）と塩化カルシウム（$CaCl_2$）存在下で細胞融合が起こる際にDNAを取り込ませる方法である．酢酸リチウム法は，酵母細胞をアルカリ金属イオンで処理するとDNAを取り込むようになることを利用したものである．

糸状菌や担子菌細胞にDNAを導入する方法は，アグロバクテリウムを用いる方法，プロトプラスト–PEG法（プロトプラスト化してからPEGと$CaCl_2$で処理する方法），エレクトロポレーション法が主に用いられている．

3-4 遺伝子ライブラリーとクローニング

1個体の細胞の中にあるDNAを断片化し，そのすべての断片をバクテリオファージやプラスミドなどのベクターに組み込んだ集団をゲノムライブラリーという．また，1つの臓器や特定の臓器などで特定の時期に発現しているmRNAをcDNAに逆転写したものをバクテリオファージやプラスミドに組み込んだ集団をcDNAライブラリーとよぶ．これらの違いは，前者がイントロンや転写調節部位，rRNA，tRNAなども含んだ全核酸のクローニングに応用できるのに対して，後者は，ポリペプチドの遺伝子のみのクローニングに応用できることである．ここでは，ゲノムライブラリーとcDNAライブラリーについて詳しく述べる．

A ゲノムライブラリー

ゲノムライブラリーは，生物の全DNA塩基配列を決定する際に用いられる．ここでは，ライブラリーの作業で用いられるλファージベクターについてその原理を示す．

λファージのDNAは全長約50,000塩基対からなるが，その約1/5はファージ形成に直接的には不要な情報領域であり，この部分を除いてもファージ形成に影響しない．このファージ形成に影響しない部分の代わりに，外来遺伝子として約10,000塩基対のDNAを挿入することができる．ゲノムライブラリーを作成する生物のゲノムDNAを精製した後，約10,000塩基対の長さに制限酵素などを用いて切断する．λファージDNAのファージ形成に不要な部分を除去したベクターに，このゲノムの断片を混合してDNAリガーゼによって結合する．この結合したDNAを，ファージの頭部，尾部，足部などのタンパク質が混合されている試験管に混合すると，外来遺伝子が挿入されたファージが再構成される．こ

用語 *スフェロプラスト（spheroplast）…細胞壁をもつ細胞を等張液中でリゾチームやセルラーゼ，グルカナーゼなどで処理すると，細胞壁を失って球形になったままで増殖可能な細胞を得ることができる．細胞壁を完全に失ったものをプロトプラスト（protoplast），部分的に細胞壁が残っている疑いがあるものをスフェロプラストという．

の段階で1つのファージには，ゲノムの制限酵素処理断片の1つが頭部に収まっており，それぞれのファージには，ゲノムの異なる部分の断片が挿入されている．この異なる断片を有しているファージの集団をゲノムライブラリーとよぶ．このファージを大腸菌培養液に感染させ，溶菌させた後，ファージを精製することで，ライブラリーに属するファージを増加することが可能である．また，ライブラリーを希釈して大腸菌とともにプレートに塗布することで，ファージが感染・溶菌して形成されるプラークを取得する．これにより1つ1つのファージを単離することも可能である（図3.26）．ヒトの全塩基配列を決定するには，このライブラリーのファージを 1.1×10^6 個つくることが必要である．

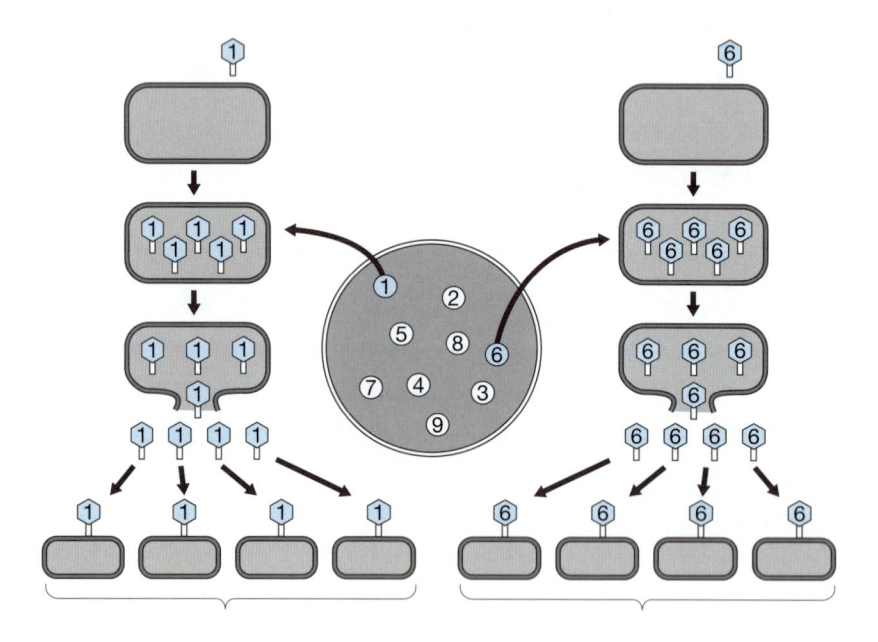

図3.26 ファージの単離
1つ1つのプラークが，それぞれ別の外来遺伝子が挿入されたファージが原因で溶菌したものである．そのうちの1つのプラークを大腸菌培養液に植菌すると，1種類の外来遺伝子が挿入されたファージが単離できる．

B　cDNAライブラリー

　cDNAライブラリーは，イントロンの存在や遺伝子発現の調節部位の検索などに用いられる．具体的には，各臓器の特定時期にmRNAを抽出して逆転写酵素とPCRによってcDNAを増幅する．その後の操作は，ゲノムライブラリーと同様に行う．その結果，作成される1つのファージ頭部には1つのcDNAが挿入されており，それぞれのファージには異なるcDNAがパッケージングされている．ただ，mRNAの存在比が多いものやcDNAとして増幅されやすいものほど同一cDNAを含んだファージの比率は高くなる．cDNAライブラリーは，翻訳開始部分，開始コドンから終止コドン，ポリ（A）までの完全長cDNAを挿入するものと，cDNAの部分断片を挿入するものの2種類があるが，1つのポリペプチ

ド遺伝子の全配列が1つのファージに挿入された前者の方が応用されやすい．

また，このライブラリーからポリペプチドの翻訳も行えるので，特定の酵素や抗体の探索などにも応用できる．その際には，ファージの表面タンパク質との融合タンパク質の形で発現させて，cDNAの翻訳物を表面に提示させると便利である．すなわち，表現型であるタンパク質を表面に提示したファージを取得することで，そのファージ頭部に含有している遺伝型であるcDNAを獲得し，その塩基配列を決定することが可能である．

3.5 バイオインフォマティクス

生物は，DNA塩基配列やアミノ酸配列というさまざまな情報を有している．属種などが違えば，同じ働きをする酵素でも異なるアミノ酸配列をもつなど，膨大な情報となる．これらの膨大な生物情報をデータベースに蓄積して，全世界どこででもインターネットを通じて取得でき，また，生物情報を登録することもできるようになっている（表3.5）．これらのデータベースを利用して有益な情報を導く手段をバイオインフォマティクスという．

バイオインフォマティクスが活用されている例としては，①DNA塩基配列から生物の属種の同定，②遺伝子DNA配列やN末端アミノ酸配列から遺伝子やタンパク質の機能や構造の推定，③特定遺伝子による遺伝病リスクの推定，④酵素・受容体・抗体などに作用する生体分子結合のシミュレーションなど，非常に多岐にわたっている．

表3.5 生体情報データベース

データの種類	データベース名	管理・運営の中心となる組織
DNA/RNA塩基配列	GenBank	National Center for Biotechnology Information（米国）
DNA/RNA塩基配列	EMBL	European Bioinformatics Institute（英国）
DNA/RNA塩基配列	DDBJ	国立遺伝学研究所（日本）
タンパク質アミノ酸配列	PIR	Georgetown University（米国）
タンパク質アミノ酸配列	Swiss-Prot	Swiss Institute of Bioinformatics（スイス）
タンパク質アミノ酸配列	PRF	蛋白質研究奨励会（日本）
タンパク質・生体高分子立体構造	PDB	Research Collaboratory for Structural Bioinformatics（米国）
タンパク質立体構造分類	SCOP	Medical Research Council（英国）
タンパク質立体構造分類	CATH	University College London（英国）
タンパク質配列モチーフ	PROSITE	University of Geneva（スイス）
アミノ酸指標	AAindex	京都大学化学研究所（日本）
生命システム情報統合	KEGG	京都大学化学研究所（日本）
ヒト遺伝子地図	GDB	Johns Hopkins University（米国）
ヒト遺伝病	OMIM	Johns Hopkins University（米国）
リンク情報	LinkDB	京都大学化学研究所（日本）

出典：金久實著，『ポストゲノム情報への招待』，共立出版，2001

まとめ

❶ 宿主とベクター

- プラスミドベクター：複製起点，選択マーカー（抗生物質耐性，レポータージーン，致死遺伝子，溶菌），マルチクローニングサイト，トランスポゾン，相同組換え，pBR322，pUC18，TAベクター
- バクテリオファージ：λファージ，EMBL3,4，コスミド，M13ファージ，ファージミド
- 発現ベクター：pUC系，pET系，pBAD系，pCold系など
- YAC：巨大DNAのクローン化

❷ 遺伝子導入法

- コンピテントセル：大腸菌の塩化カルシウム処理，ヒートショック
- バクテリオファージ：ファージ試験管内再構築，バクテリオファージの感染
- 接合伝達：F因子をもつ遺伝子供与菌から受容菌への接合伝達，*tra*，*mob*
- エレクトロポレーション：高電圧パルスにより細胞膜に微小な穴を空け，電気泳動で遺伝子を導入後に細胞膜の穴はふさがる．植物はプロトプラスト処理，酵母はスフェロプラスト処理

❸ 遺伝子ライブラリー

- ゲノムライブラリー：DNA全体を断片化してファージベクターに挿入後，ファージ粒子にパッケージング，イントロンの有無，転写調節部位の解析
- cDNAライブラリー：mRNAから合成したcDNAをファージベクターに挿入後，ファージ粒子にパッケージング，特定の場所，時期に発現しているタンパク質遺伝子の解析

第4章 遺伝子工学の応用

4.1 細胞融合法

　大腸菌などへの遺伝子導入は，有用物質の大量生産や遺伝子解析に大きな発展をもたらした．しかし，ヒトをはじめとする真核生物の遺伝子解析，とりわけその調節機構の解析などには，真核生物の細胞を直接用いて遺伝子を導入する系が必要である．さらに，高次機能を知るには動植物個体への遺伝子導入も必要となってくる．

　ここでは細胞融合と細胞への遺伝子の導入，そして動物，植物への遺伝子導入について解説する．

A 原理

　性質や機能の異なる細胞を物理的に融合させて，両方の性質をもつ細胞をつくり出すことを細胞融合という．細胞融合は融合後の継代培養により，一方の染色体が特異的に脱落することから染色体の解析に用いられる．一方，単一クローン抗体作製においてもこの技術は大切な役割をはたした．

　細胞融合には主にセンダイウイルス（HVJ）とポリエチレングリコールが用いられる．HVJ はエンベロープ（envelope）をもつウイルスで，ヒトに対して病原性のないウイルスである．このウイルスは細胞の表面に強く吸着するので，HVJ を介して2つの細胞同士に架橋が形成され，細胞膜の一部を一時的に壊して2つの細胞が融合する．HVJ はほとんどの細胞に適合したレセプターをもっているので，異種間の細胞でも容易に融合させることができる（図4.1）．

　ポリエチレングリコール（PEG）は，初期には植物細胞の融合実験に用いられていたが，現在ではさまざまな動物細胞にも用いられるようになっている．ポリエチレングリコールを添加することにより細胞膜が結合し，細胞融合を引き起こす．

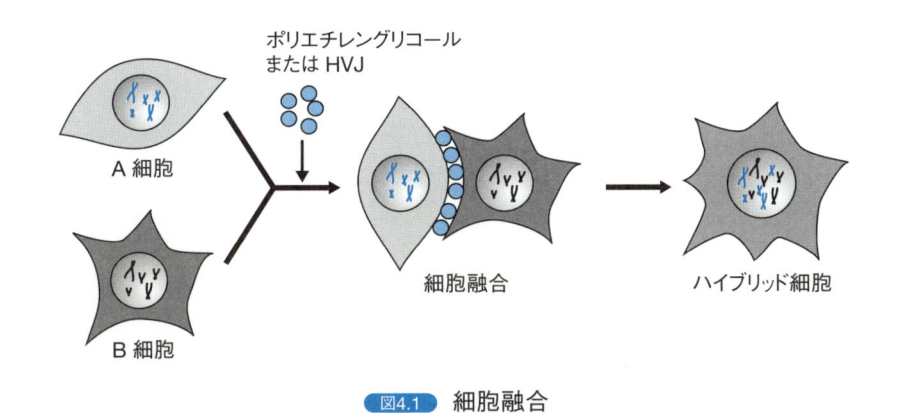

図4.1　細胞融合

植物細胞の場合には動物細胞とは異なり，丈夫な細胞壁があるのでまず細胞壁に酵素（セルラーゼやペクチナーゼ）を作用させてプロトプラストにする．このプロトプラストに PEG を作用させて細胞融合を行う（図 4.2）．

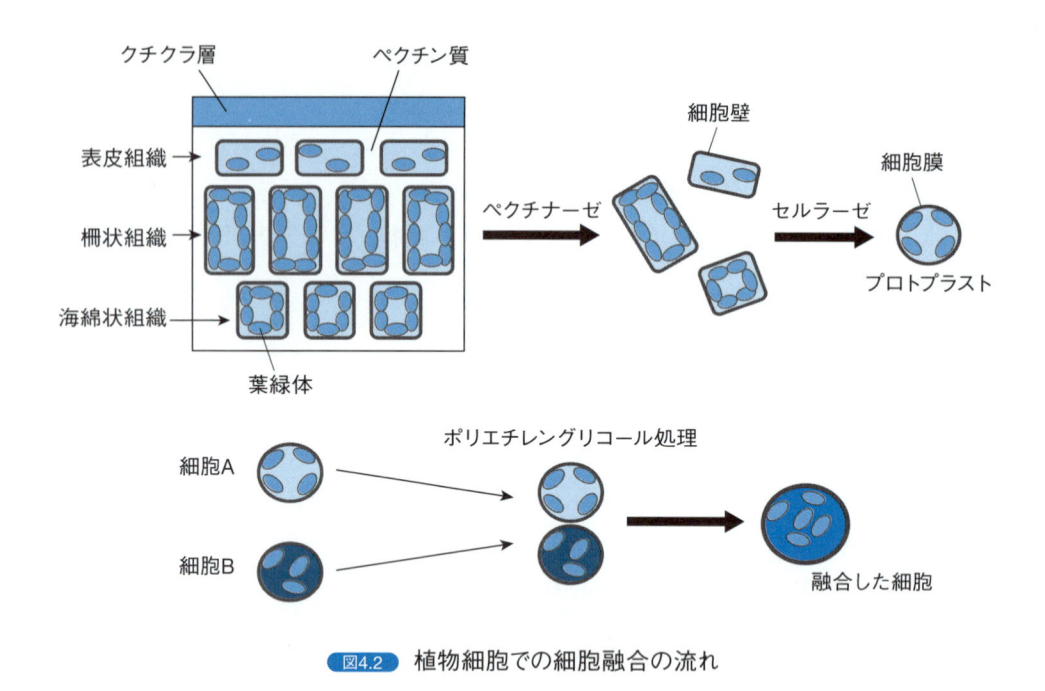

図4.2 植物細胞での細胞融合の流れ

B 融合した細胞の選択

A 細胞と B 細胞を融合させた場合に A，B 両方の雑種細胞のみを選択的に分別する必要がある．その選択を行う培地として HAT 培地（ヒポキサンチン（H），アミノプテリン（A），チミジン（T）を含む培地の意味）が用いられている．

動物細胞における DNA 合成は，アミノ酸とホスホリボシルピロリン酸を経由して 4 つのデオキシリボヌクレオシドを合成する回路（de novo 回路：この回路は，アミノプテリンという薬剤の存在で合成が阻害される）と，チミジンやヒポキサンチン（グアニン）から，チミジンキナーゼ（TK）やヒポキサンチン-グアニンホスホリボシルトランスフェラーゼ（HGPRT）の酵素の作用により，デオキシヌクレオチドを合成するバイパスの経路（サルベージ回路）がある（図 4.3）．

チミジンの類似体であるブロムデオキシウリジン（BrdU）の抵抗性の変異体から，またグアニンの類似体の 8-アザグアニンの抵抗性の株から，それぞれ TK や HGPRT の酵素を欠く変異性（TK⁻, HGPRT⁻）が得られる．これらの変異体細胞はアミノプテリン存在下では増殖することができない．しかし TK⁻ と HGPRT⁻ の細胞が融合した細胞は，HAT の培

図4.3 DNA合成回路とアミノプテリンによる合成阻害とサルベージ回路

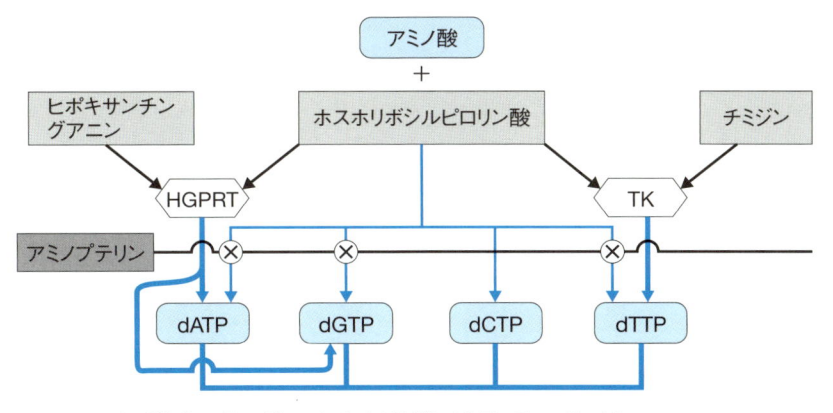

HGPRT：ヒポキサンチン-グアニンホスホリボシルトランスフェラーゼ
TK　　：チミジンキナーゼ　　Ⓧ：アミノプテリンによる合成阻害　　──：サルベージ回路

地上では TK$^+$，HGPRT$^+$ となり，HAT の培地上では親株（TK$^-$ または HGPRT$^-$ 株）は増殖しないが，融合した雑種細胞は選択的に増殖してくる（図 4.4）．

このような雑種細胞の選択法としては，この他に温度感受性変異体や特定の薬剤に対する感受性の違い（たとえば，ウワバインに対してヒトの細胞はマウスの細胞に比べて 10,000 倍ほど感受性が高い）などを用いて選択していく．

このような細胞融合からさまざまな研究が進展した．後述するモノクローナル抗体の産生細胞だけでなくヒトとハムスターやマウス細胞の融合により，この雑種細胞から選択的にヒトの染色体が脱落することを利用して，ヒトの 23 対の染色体の中で特定の染色体のみが残存する細胞株が樹立された（図 4.5）．これにより，どの染色体にどのような遺伝子が具体的に存在するのかが，かなり明らかとなり，また *in situ* ハイブリダイゼーションによって，個々の染色体のどこに位置するかも次第に明らかにされつつある．

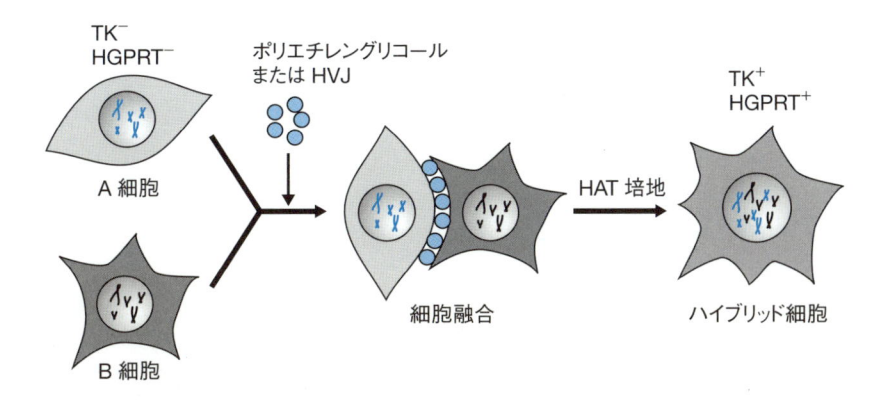

図4.4 HAT 培地での選択

4-1 細胞融合法

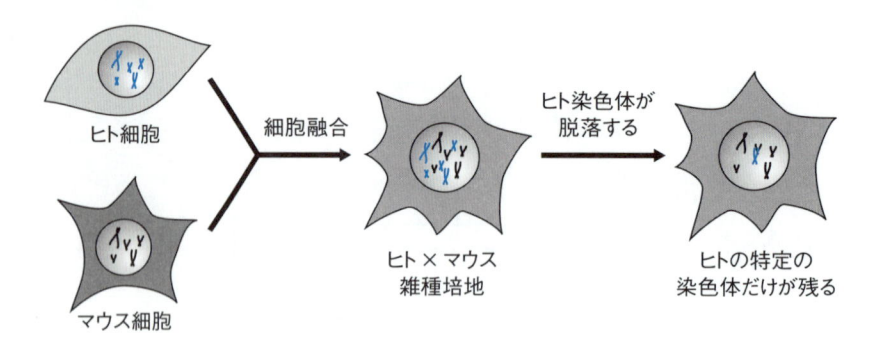

図4.5 ヒト×マウス雑種細胞からのヒト染色体の脱落

4.2 モノクローナル抗体の作製とその応用

A モノクローナル抗体

　生体に入った異物である抗原は，リンパ球のB細胞によって認識され，この抗原に対する抗体を産生する．このB細胞は，それぞれ異なった抗原に対しては，1つ1つそれを認識して特異的な抗体を産生する．

　マウスに注射された抗原はひ臓中のリンパ球により抗体を産生する．抗体を産生するひ臓のリンパ球を調製し，永続的な増殖性をもつ骨髄腫（ミエローマ）細胞とガラス容器内で細胞融合を行う．このようにして形成された（個々の）雑種細胞はガラス容器で継代培養が可能であり，目的の抗原に特異的な抗体を産生するハイブリドーマ（ハイブリッド細胞）となる．この細胞外液を採取し，望みの抗体かどうかを調べ，目的の抗原に特異的な単一の抗体のみを産生する細胞を得ることができる．この得られた抗体をモノクローナル抗体という（図4.6）．モノクローナル抗体は，抗原の全体の情報を認識するのではないが，1つの抗原に対しても特定の部位（**エピトープ**）を認識した抗体を示している．そのため，自分自身の目的にあった抗体が必ずしも得られているとは限らないが，産生される抗体は常に安定した情報をもつものとして調製することができるので，腫瘍マーカーやウイルスなどをはじめとしたさまざまな物質の検出や，蛍光色素と組み合わせた目的タンパク質や物質の染色，酵素や受容体などの機能の抑制など，免疫学の実験のみならず多岐にわたる分野において必要不可欠な手段となっている．

B in situ ハイブリダイゼーション

　in situ ハイブリダイゼーション（*in situ* hybridization，ISH）は，組織や細胞において，DNAやRNAの抽出を行わず，直接特定のDNAやmRNAの分布や量を検出する方法である．ウイルス感染，腫瘍など診断に用いられるほか，細胞や組織中の遺伝子発現を研究する上で重要な方法となっている．基本的なサザンブロッティングやノーザンブロッティン

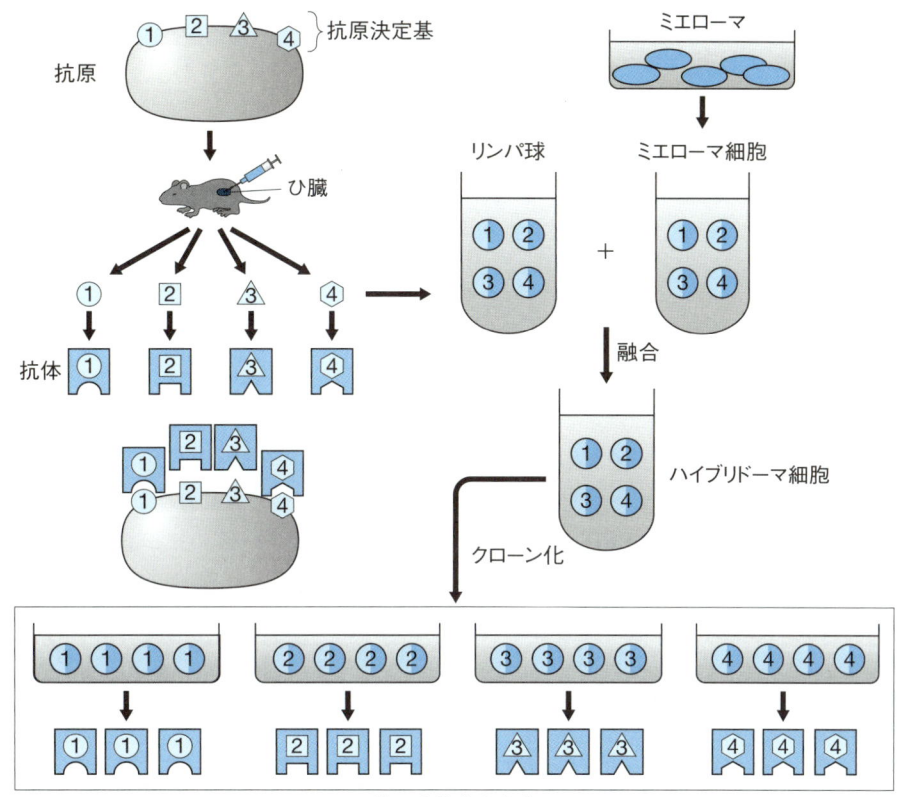

図4.6 モノクローナル抗体

グとは異なり，DNA や RNA を抽出せずに，*in situ*（本来の場所，細胞中や組織中）でハイブリダイゼーションによって検出することを特徴としており，原理はサザンやノーザンと同様で，相補的塩基配列による一本鎖核酸分子間の特異的結合を利用している．細胞個々の発現を検討することも可能である．

検出に用いるプローブ分子は，プローブ合成時に放射性同位体を取り込ませたり（放射性標識プローブ），ジゴキシゲニン（digoxigenin，DIG），フルオレセインイソチオシアネート（fluorescein isothiocyanate：FITC）などの分子（抗原）を取り込ませたり（非放射性標識プローブ）することで標識する．放射性標識プローブはオートラジオグラフィーによって，DIG や FITC などによる非放射性標識プローブは抗 DIG 抗体や抗 FITC 抗体などを用いて免疫組織化学的に検出する．現在は非放射性標識プローブを用いた *in situ* ハイブリダイゼーションの感度が向上しており，蛍光多重染色も可能であることから，よく用いられるようになってきている．非放射性標識プローブの検出は，標識物に対する免疫染色そのものであり，蛍光物質で検出する蛍光 *in situ* ハイブリダイゼーション法やアルカリホスファターゼを用い NBT/BCIP などで発色する免疫組織化学で検出する方法がある．

一般的な方法は，組織や細胞を固定，脱水し，メタノール中で保存しておく．使用時に再び水和させ，プロテネース K 処理してタンパク質を部分分解し，組織や細胞中へのプローブの浸透をよくするとともに mRNA も露出させる．その後，DIG 標識した RNA プローブをハイブリダイズさせる．その後，洗浄して余分なプローブを除去し，さらに RNase 処理によりハイブリダイズしなかったプローブの分解を行う．アルカリホスファターゼ標識抗 DIG 抗体と反応させる．よく洗浄した後，アルカリホスファターゼの発色基質液で発色させる．

4.3 微生物への応用（微生物工学）

3章で述べたように，遺伝子組換え技術が確立しており，培養速度が速く安価な培地で培養できることから，細菌（とくに大腸菌）を用いた応用が多く行われている．近年では，合成生物という新しい分野が興隆し，さまざまな機能をもった微生物をデザインし，創生する試みが行われている．ここでは，応用の例として，産業ベースになっている食品，医薬品における L-グルタミン酸，インスリンの産生について記載する．

A L-グルタミン酸の産生とアミノ酸産生菌の育種

アミノ酸の一種であるグルタミン酸は，神経伝達物質などの機能を有しており，ドイツのリットハウゼン（K. H. L. Ritthausen）によって，小麦グルテンの加水分解物より初めて見いだされた（1866 年）が，昆布の「うまみ」の成分がこの L-グルタミン酸のナトリウム塩であることを初めて明らかにしたのは，池田菊苗博士である（1907 年）．味の素はこれを商品化したが，当初は含有量の多い小麦グルテンより加水分解して抽出していた．これに対して，協和発酵（現 協和発酵キリン）で L-グルタミン酸を蓄積する微生物 *Corynebacterium glutamicum* が発見され，発酵法による L-グルタミン酸産生プロセスが構築された．現在では，この発酵法により全世界で 200 万トンを超える（2012 年時）L-グルタミン酸ナトリウムが産生されている．

C. glutamicum はビタミンであるビオチンを欠乏した培養条件で L-グルタミン酸を蓄積する．また，ビオチン過剰存在下でもペニシリン添加や Tween などの脂肪酸エステル系界面活性剤を添加することで膜透過性が変化し，L-グルタミン酸を蓄積できるようになる．

一方，変異育種という，紫外線の照射やニトロソグアニジンなどの変異剤による処理を行い，染色体上に突然変異を誘起させ，目的の表現型を選択することにより目的物質の生産に関する代謝を変化させることにより生産効率を上げたり，当該菌ではつくれなかった物質を産生できるようにすることが行われている．

遺伝子に変異を与えたり，組換え体を作製することにより目的産物を得る概要を図 4.7 にまとめた．

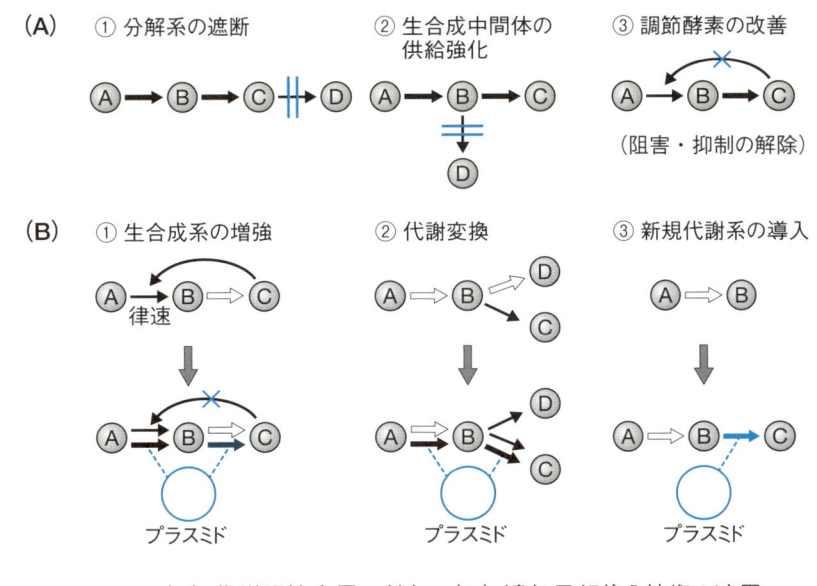

図4.7 （A）代謝調節変異の付与，（B）遺伝子組換え技術の適用

B　インスリンの産生

　遺伝子組換え技術を利用することは，変異育種よりも直接的に目的物質を産生させるデザインを行うことが可能となる．大腸菌の遺伝子組換えを用いて最初に生み出された組換え医薬品はインスリンである．

　インスリンはヒトの糖代謝機能を制御する重要なホルモンの１つで，細胞のグルコース輸送体の発現を促進することで，血中に増加したグルコースを細胞内に取り込み，血糖値を下げるはたらきを有している．生体内では，インスリンはすい臓のβ細胞で産生されて血中に分泌されるが，これができないと細胞が糖を取り込めなくなり，糖尿病となってしまう．このインスリンの減少は，重篤な場合は死に至るため，インスリンを注射する必要がある．組換えヒトインスリンが応用されるまでは，ブタやウシから得たインスリンを用いていたが，精製の過程での不純物が含まれていたり，ヒトインスリンとのアミノ酸配列が異なることから抗原として認識されてしまうなど問題が多かった．組換えヒトインスリンはこれらの問題がなく，現在広く糖尿病治療に用いられている．

　ヒトインスリンの構造は，図4.8 に示すように，21アミノ酸のA鎖と30アミノ酸のB鎖がジスルフィド結合でヘテロダイマーを形成したものである．すい臓のβ細胞でmRNAから104アミノ酸からなるプレプロインスリンとして翻訳される．N末端はシグナルペプチドであり，小胞体に分泌される際に除かれる．シグナルペプチドが除かれたプロインスリンは，ゴルジを経由して分泌顆粒に入り，プロセッシングされて成熟したインスリンとなる．このプロインスリンはB鎖，C鎖，A鎖の順にそれぞれArg^{31}-Arg^{32}，Lys^{64}-Arg^{65}を介してつながっている．しかし，PC3のはたらきでArg^{32}とC鎖の間で切断され，B鎖に

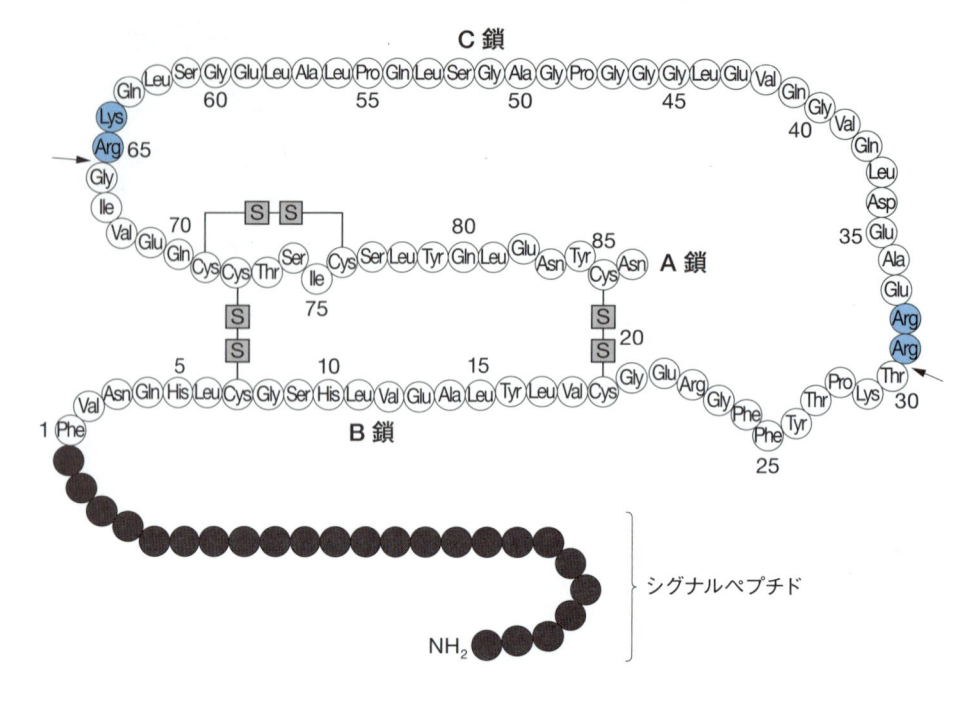

図4.8 インスリンプレカーサーの構造
矢印はインスリン成熟過程での切断部位

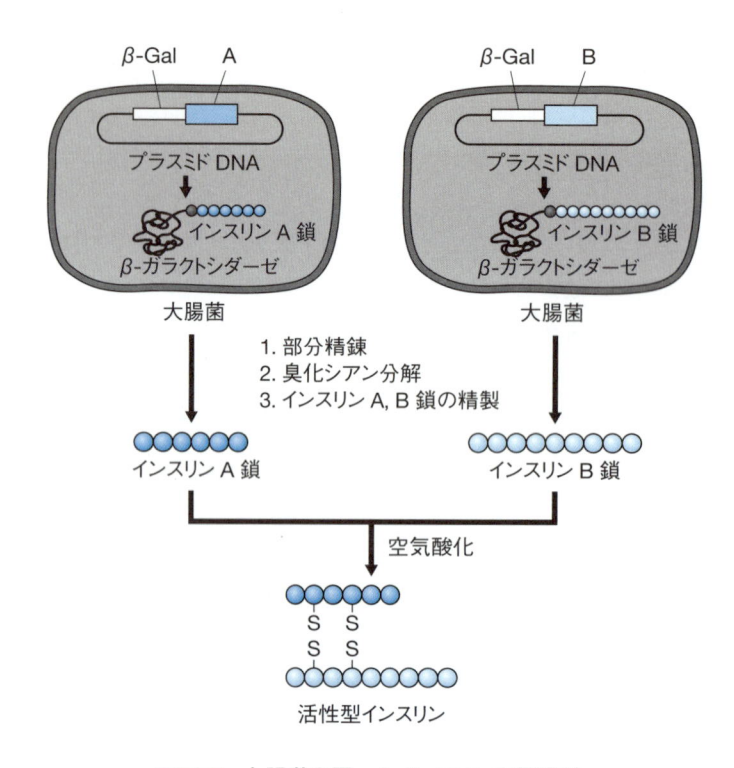

図4.9 大腸菌を用いたインスリンの製造法

ついている Arg^{31} と Arg^{32} はカルボキシペプチダーゼ H によって除かれる．続いて，PC2 によって C 鎖と Lys^{64} の結合が切られ，C 鎖についている Lys^{64}-Arg^{65} はまたカルボキシペプチダーゼ H によって除かれる．こうして，プロインスリンはインスリンと C 鎖に変換される．

ヒトインスリンを遺伝子工学的に作製したのは，1970年代後半になってからである．1978年にクレア（R. Crea）らは，ヒトインスリンのアミノ酸配列から A 鎖，B 鎖をコードする DNA を合成し，それぞれ大腸菌で発現させることにより，組換えヒトインスリンを再構成させた（その後イーライ・リリー社に受け継がれた）．また，Novo 社（現：Novo Nordisk 社）は C 鎖部分をわずか 3 個のアミノ酸（Ala-Ala-Lys）に置き換えたミニプロインスリンを直接酵母で分泌発現させる方法を開発した．

大腸菌によるインスリンの製造法を図4.9に示す．A 鎖，B 鎖と β-ガラクトシダーゼを

表4.1 微生物による有用物質の産生

分類	物質	用途
ペプチドホルモン	インスリン	糖尿病
	ヒト成長ホルモン	小人症，骨折創傷治療
	ACTH	副腎皮質不全（ステロイド離脱）
	エンドルフィン	鎮痛
	副腎皮質ホルモン（PTH）	テタニー
	カリクレイン	高血圧症
	アンギオテンシノーゲン	血圧の調節
	EGF	創傷治療
	ウシ成長ホルモン	牛乳生産増加
インターフェロンおよびリンホカイン	IFN-α, IFN-β, IFN-γ	ウイルス疾患や悪性腫瘍
	IL-2	血管肉腫，腎がんに対する制がん剤，免疫不全症
	IL-6	関節リウマチ
血液成分	抗血友病因子（IX因子，VIII因子）	血友病
	フィブリノーゲン	出血性素因
	アルブミン	低アルブミン血症
	アンチトロンビンIII	血栓症，DIC
	α_1-アンチトリプシン	気腫
ウイルスなどの抗原	B型肝炎（HBs, HBc, e抗原）	ワクチンの製造
	A型肝炎，インフルエンザ	
	小児麻痺やトリパノソーマ	
	マラリア，口蹄病ウイルス	
酵素	ウロキナーゼ	血栓溶解，消炎
食品関連	キモシン	チーズ製造
	トランスグルタミナーゼ	ハムやソーセージの弾力増強

コードする DNA をそれぞれのキメラタンパク質として発現できるように β-ガラクトシダーゼのプロモーターの下流に挿入し，pBR322 ベクターとして構築した．これにより，N 末端側に β-ガラクトシダーゼ，C 末端側に A 鎖，B 鎖が配置され，それぞれの鎖と β-ガラクトシダーゼはメチオニンを介して結合している．このキメラタンパク質は封入体として菌体内に蓄積される．破砕菌体から回収した封入体をグアニジン塩酸で溶解させ部分精製した後，臭化シアンで処理するとメチオニンの C 末端側で切断され，A 鎖，B 鎖が遊離する．インスリンのアミノ酸配列にはメチオニンは含まれないので，臭化シアン処理によってインスリン自体は影響を受けない．この遊離したそれぞれの鎖をスルホキシド化して精製し，両者を混ぜて空気酸化でインスリンタンパク質を再構成することによりインスリンの合成を可能とした．その後，イーライ・リリー社では β-ガラクトシダーゼの代わりにトリプトファン合成酵素を用い，プロインスリンからインスリンを合成する方法に変更されている．

　インスリンのほかにも，多くの有用物質がバクテリアや酵母によって産生されており，代表的なものを表 4.1 に示した．

4.4 植物への応用

A 植物細胞への遺伝子導入

a アグロバクテリウム法

　植物細胞への遺伝子導入は，アグロバクテリウム（*Agrobacterium tumefaciens*）を介した方法とエレクトロポレーションによる方法がほとんどである．アグロバクテリウムの系は Ti プラスミド（Ti＝Tumor inducing）とよばれる非常に長いプラスミド（150～200 kbp）が用いられ，このプラスミドにより植物はクラウンゴールとよばれる腫瘍を起こす．このプラスミドは T-DNA（transferred DNA）領域と Vir（Virulence）領域をもっており，アグロバクテリウムが感染できて，葉などの組織から植物体が再生できるものであれば使用することができる．このなかで，T-DNA 領域は植物の染色体に組み込まれる部分で腫瘍形成に必要ないくつかの遺伝子を含んでいる（図 4.10A）．

　一方，Vir 領域は T-DNA 領域の切り出しや植物細胞への転移，染色体への組み込みに必要な遺伝子をもっている（図 4.10B）．したがって，T-DNA 領域は本質的ではなく，この部分を外来遺伝子に置き替えて Vir 領域とともに導入することにより，染色体に組み込むことができる．ただし，T-DNA 領域の両端にある 25 bp の配列が必須である．T-DNA は，植物の染色体に導入される順序が右側の後に左側が導入されるので，両者の間に導入したい DNA を薬剤耐性マーカーなどとともに挿入しておけば，アグロバクテリウムの感染を介して植物の染色体に組み込まれる．

　野生型に含まれる Ti プラスミドは前述のように非常に長いので，現在ではバイナリーベ

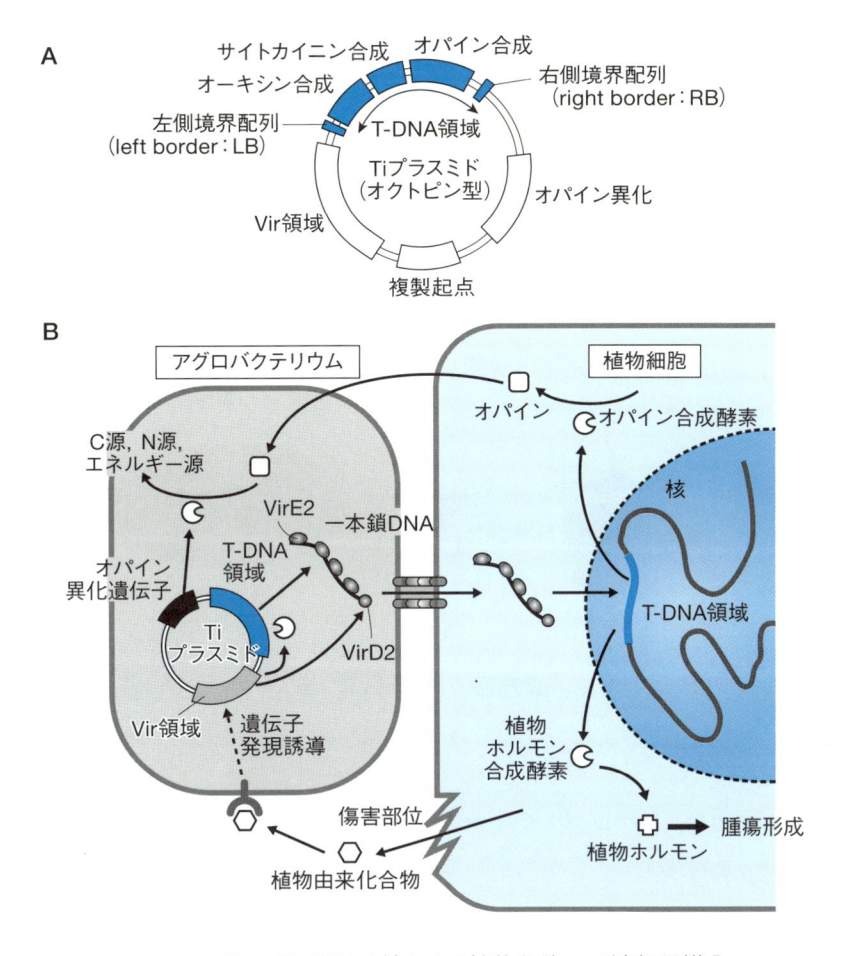

図4.10 アグロバクテリウム法による植物細胞への遺伝子導入

クター（binary vector）システムという一連のベクターが開発されている．これは，Vir領域のみのプラスミドアグロバクテリウムに入れておき（この組換え用アグロバクテリウムはストレプトマイシンなどの薬剤存在下で培養してプラスミドを維持させる），これとは別にT-DNA領域をもつ小さなプラスミド（これに外来DNAを入れる）を別に導入する．そして両者をアグロバクテリウムの中で共存させることにより，植物に組み込む方法である．この場合の低分子の小さなプラスミドをバイナリーベクターとよぶ．バイナリーベクターはアグロバクテリウムや大腸菌の両方で増殖できる複製開始点をもつシャトルベクターであり，またVir領域を含んだプラスミドが有する薬剤耐性マーカーとは別の耐性マーカーをもち，目的遺伝子発現用のプロモーター（フラワーモザイクウイルス（CMV）のプロモーターなど）を有している．バイナリーベクターで導入された外来遺伝子は，アグロバクテリウムの培養液中に葉の組織片（リーフディスク）を置き，数日放置後オーキシンやサイトカイニンなどの植物生長調節物質の存在する寒天の中で分化を起こさせる．リーフ

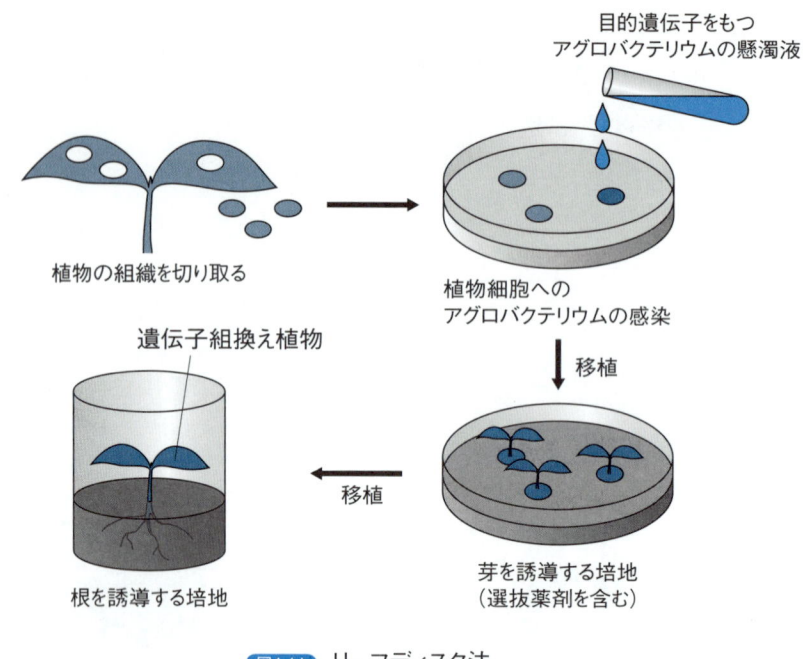

図4.11 リーフディスク法

ディスク法の利用は，アグロバクテリウムが材料の植物種に感染できることと，葉などの組織から植物体を再生することができることが条件となる（図4.11）.

b パーティクルガン法

アグロバクテリウムに感染しない植物への遺伝子導入に用いられる方法である．具体的には，以下の操作で遺伝子組換えされた植物を得る．

金やタングステンなどの金属微粒子に遺伝子を混合し，エタノール沈殿し風乾することで遺伝子を付着させる．この金属微粒子を高圧ガスや火薬などを用いて加速し，植物体の中に打ち込む．カルスを誘導する植物ホルモンを含有する選択培地に置床し，選択培地上で増殖するカルスを選択する．選択したカルスをシュート*分化用の植物ホルモン含有選択培地に植え継ぎ，シュートを分化させる．シュートを切り取り，シュートを発根用の選択培地に植え継ぎ，発根した後に鉢上げして馴化する．

c エレクトロポレーション法

3章で述べたエレクトロポレーション法も用いられる（p.96参照）．エレクトロポレーション法は植物の細胞壁がDNAを通過させにくいので，この膜をセルラーゼで処理してDNAを導入する．この系に用いられるプラスミドにはCMVのプロモーターをもち，大腸

用語 *シュート……植物の茎・葉などの地上組織をシュート（shoot），根などの地下組織をルート（root）という．植物の未分化細胞であるカルスを植物ホルモンの比率を変えて培養すると，不定芽（シュート）や不定根が分化する．

菌で大量調製できる大腸菌の複製開始点とアンピシリンマーカーをもっているシャトルベクターが用いられている．

また，近年では，形質転換用のアグロバクテリウムをシリンジなどで直接植物の葉などに注入して感染させるインフィルトレーション法も行われている．この方法は，培養や栽培をする必要がなく個体そのものに遺伝子を導入させることができることから，一過的にタンパク質を発現させて相互作用やその機能を評価するために広く用いられるようになってきている．

B 遺伝子工学により生まれた植物

a フレーバー・セーバー

遺伝子組換え農作物の第一号は，日持ちをよくすることを目的として Calgene 社によりつくられ，1992 年アメリカ食品医薬品局により承認，1994 年に販売されたフレーバー・セーバーである．植物の細胞はペクチンなどを介して結合しているが，熟すことによりこのペクチンの分解も進行し身が柔らかくなり，崩れたり腐りやすくなることが知られている．このペクチンを分解するペクチナーゼの一種であるポリガラクツロナーゼ遺伝子の発現を抑制することにより，日持ちのよい腐りにくいトマトが作製された．このトマトは，枝についたままで完熟させたものを収穫・販売できることや，果皮が硬いため傷がつきにくい，長期間保存ができる，輸送に耐えるなどの多くの利点がある．このトマトは，発現抑制を目的とするポリガラクツロナーゼ mRNA と相補鎖をつくれる mRNA をつくらせることができる DNA（ポリガラクツロナーゼのアンチセンス cDNA）を導入して発現を抑制する，アンチセンス法により遺伝子発現を抑制している（図 4.12）．

b 病気，病害虫，除草剤に抵抗性の遺伝子導入

植物が病気になりにくい，病害虫がつきにくい，除草剤に抵抗性を有するなど，農家や加工業者の負担を減らしたり作業効率を上げるための作物も開発されており，最も代表的

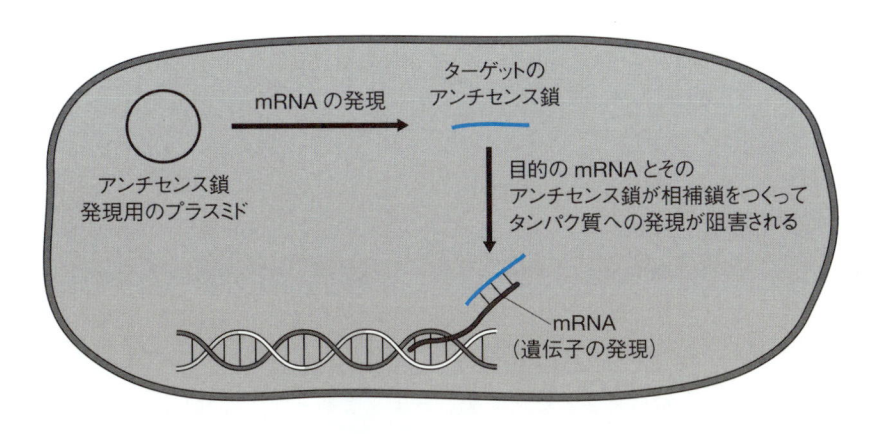

図4.12 アンチセンス法

なものは，ラウンドアップ（グリホサート）という除草剤に耐性を有する農作物である（図4.13）．

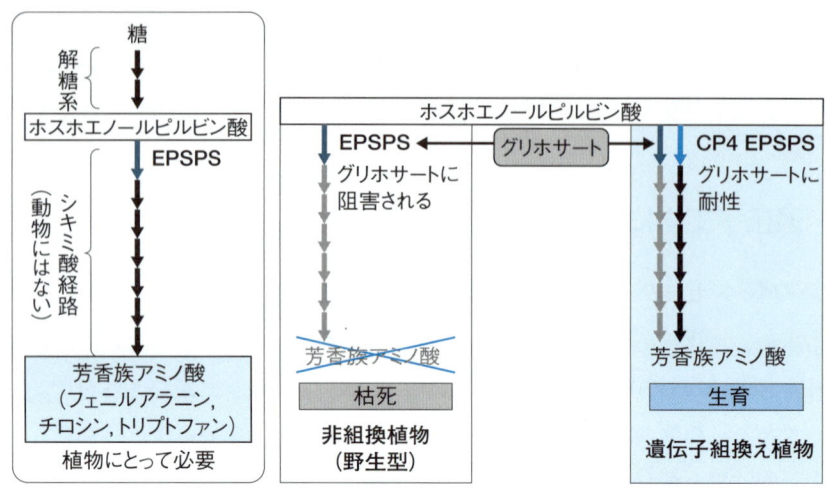

図4.13 グリホサート抵抗性

EPSPS：5-エノールピルビルシキミ酸-3-リン酸合成酵素

　植物は，自身に必要な芳香族アミノ酸（フェニルアラニン，チロシン，トリプトファン）を解糖系の中間体であるホスホエノールピルビン酸からコリスミ酸を合成する経路（シキミ酸経路）を介して合成するが，その鍵となる酵素である 5-エノールピルビルシキミ酸-3-リン酸合成酵素（EPSPS）を阻害すると植物は生育できなくなる．この EPSPS 阻害剤がグリホサートであるが，グリホサート非感受性の微生物を見いだし，グリホサート存在下でも芳香族アミノ酸が合成できる酵素をコードする遺伝子を同定．このグリホサート非感受性 EPSPS 遺伝子を組み換えたものが除草剤抵抗性の作物である．通常は複数の除草剤を組み合わせたり，散布する時期を変えたりして対応してきたが，この組換え農作物に対しては，グリホサートのみを散布すればよく（グリホサートは組換え植物以外のすべての植物に効果がある），動物はこの酵素を有していないため毒性がないと考えられており，この組換え作物の利用は作業効率を著しく高めるものとして世界中で普及している（ダイズやナタネなど）．

c 観葉植物

　1995年の青いカーネーション「ムーンダスト」，2004年の「青いバラ」（いずれもサントリー社）の誕生は，大きく報道され，植物バイオテクノロジーの可能性を大きく広げることとなった．

　バラの色には，赤・オレンジ・ピンクなどさまざまあるが，これらの色は，シアニジンとペラルゴニジンに由来している（黄色はカロテノイドに由来）．赤いバラにはシアニジン

が，オレンジ色のバラにはペラルゴニジンが主に含まれているが，バラは青色色素であるデルフィニジンを有していないため，青いバラは交配のような品種改良ではつくることができなかった．これに対して，デルフィニジンを合成できるパンジー由来のフラボノイド-3',5'-ヒドロキシラーゼ遺伝子とトレニアに由来するアントシアニン 5-アシル基転移酵素遺伝子をそれぞれカリフラワーモザイクウイルス由来の 35S RNA 遺伝子のプロモーターの下流に導入したプラスミドをバラのカルスに形質転換し，選択培地上で培養，個体へと生育させることで青いバラをつくることを可能とした．アントシアニン 5-アシル基転移酵素は，アントシアニジン 3,5 ジグルコシドの 5 位に付加されているグルコースをアシル化する酵素である．色素は液胞に局在することが知られており，また，液胞が酸性であるため色素が赤みを帯びてしまう．この酵素によりデルフィニジンを修飾することにより，液胞中での分解が抑制されるとともに，弱酸性でも青みを維持できるようにしてある．

d その他

遺伝子工学的な手法による植物の創生は多く試みられており，乾燥や熱，霜，塩に強い植物や，生分解性プラスチック（ポリヒドロキシ酪酸）をつくる植物，Met 強化マメ，Lys 強化トウモロコシ，メタロチオネイン導入植物によるファイトレメディエーションなどがあげられる．しかし，遺伝子工学食品の安全性や，環境への問題などは議論をしていく必要がある．また，植物体での有用物質生産〔ヒトインターフェロン（カブ），ヒト血清アルブミン（タバコ），α-アミラーゼ（タバコ），ヒトエンケファリン（セイヨウアブラナ）など〕も積極的に行われている．

4-5 動物への応用

A 動物細胞への遺伝子導入

遺伝子工学によって得られる多くの遺伝子クローンは，初期には大腸菌によって有用物質を生産することが行われ，多くの有用物質を得ている．しかしながら糖鎖の結合や生体への有用物質の利用を考慮すると，動物細胞系もこの目的に使われるケースも多い．また遺伝子の調節や発現機構を解析するためには，真核細胞への遺伝子導入実験が不可欠となっている．

細胞への遺伝子導入は，アベリー（O. T. Avery）らによって行われた肺炎双球菌の DNA の導入実験，すなわち形質転換（トランスフォーメーション）と遺伝子を注入する（インジェクション）の言葉の合成語として，トランスフェクション（transfection）とよばれる．

a リン酸カルシウム法

細胞への遺伝子導入にはさまざまな方法がある．機器を用いずに行える方法としてリン酸カルシウム法がある．この方法は他の方法よりも効率が悪いが，導入する DNA の長さ

や導入される細胞側などの種々の条件をあまり考慮することなく，どの細胞でもほとんど同じ条件でDNAの導入を行うことができる．この方法の原理は，リン酸を含む細胞の増殖した培地にDNAを加え，さらにこの上に塩化カルシウム溶液を添加することによりリン酸カルシウムの凝集体をつくらせる．この凝集体を異物として認識して，食作用（phagocytosis）により細胞内に取り込む（図4.14）．

食作用を利用した方法としては，ほかにDEAE-デキストラン法やリポフェクション法などがある．

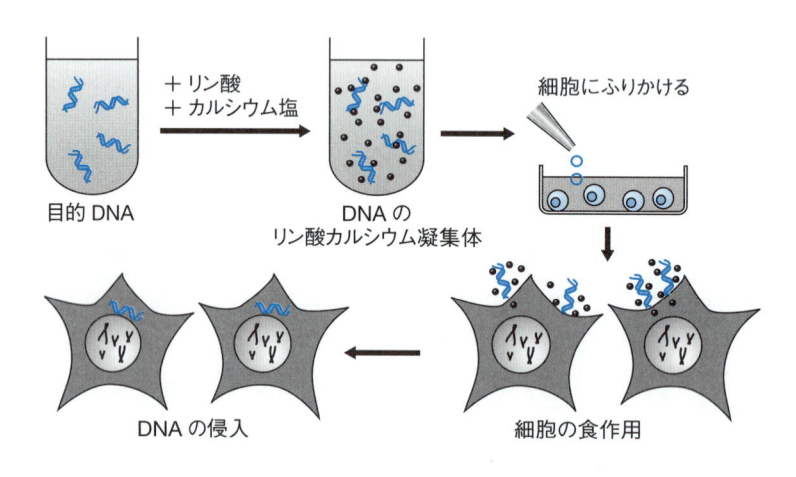

図4.14 リン酸カルシウム法によるDNAの導入

b DEAEデキストラン法

DEAEデキストランとDNAが静電相互作用によって複合体を形成し，細胞表面に吸着した後，エンドサイトーシスによって細胞に取り込まれ形質転換される．本方法は，リン酸カルシウム法よりもさらに簡単で，多サンプルの形質転換に向いているが，形質転換効率がリポフェクションやリン酸カルシウム法に比べて低く，細胞毒性も高い．

c リポフェクション法

リポフェクション法は，陽性荷電脂質などからなる脂質二重膜小胞（リポソーム）と導入するDNAの電気的な相互作用により複合体を形成させ，貪食や膜融合により細胞に取り込ませる方法である（図4.15）．さまざまな細胞種に適用可能であり，特別な機器を使用しなくても済むため，広く使われている．

d マイクロインジェクション法

一方，物理的に遺伝子導入を行う方法もある．プリッキング法（細胞穿刺法）は，顕微鏡に取りつけられた針で細胞膜を突き刺し，遺伝子を含む外液を核に導入する方法である．この方法はだれでもわずかな練習により比較的効率よくDNAを導入することができる．た

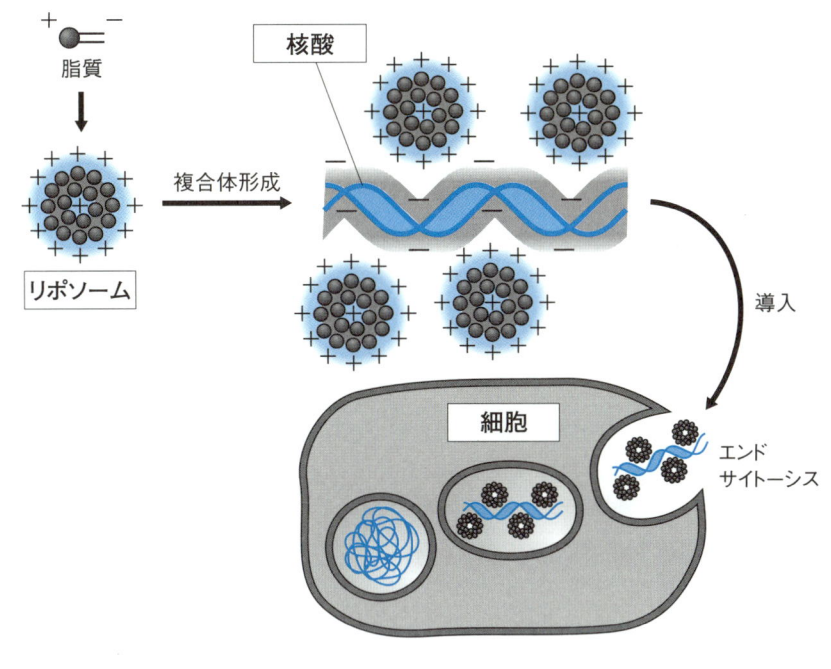

図4.15 リポフェクションの原理図

だしかなり強く培養器に付着性をもつ細胞のみが可能であり，浮遊性の細胞にはあまり適さない．これに対してマイクロインジェクション法は，直接核内に注入することを特徴とし，1つの細胞を微細ガラス管で吸引固定して，他方から微細ガラス注入針を細胞の中に差し込みベクターを挿入する方法である．マイクロマニュピュレーターを用いて，実体顕微鏡の視野にて行う．細胞核や細胞質に直接注入することができ，遺伝子試料を節約できる．遺伝子導入できる個数が限られ，技術により生存率が左右されやすい．

そのほかに，レーザー光線や電気的なパルス（電気穿孔法・エレクトロポレーション法，p.96参照）により，細胞膜に穴をあけてDNAを導入する方法がある．

e レトロウイルス法

レトロウイルスはRNA型のウイルスで，ウイルス粒子中に逆転写酵素をもち，RNA→DNA→RNAの順に複製する．レトロウイルスゲノムは，両端に反復配列（LTR）と構造遺伝子 *gag*, *pol*, *env*, RNAゲノムを取り込むのに必要なパッケージングシグナル（ϕ）からなる．ウイルスの感染によってRNAゲノムが細胞に挿入され，逆転写酵素のはたらきなどで二本鎖DNAが合成される．インテグラーゼという組み込み酵素によって細胞のゲノムに組み込まれ，プロウイルスとなる．プロウイルスからは，ウイルスゲノムRNAとウイルス構造タンパク質が合成され，ウイルス粒子を形成する．

外来遺伝子の細胞ゲノムへの導入手順は，レトロウイルスゲノムの両端のLTRの間に，レトロウイルスの複製に必要な *gag*, *pol*, *env* を欠損し，外来遺伝子を挿入したファージ

ミドベクターを作製し，gag, pol, env を発現するレトロウイルスパッケージング細胞に導入する．パッケージング細胞から，外来遺伝子をもつウイルス（gag, pol, env の遺伝子は LTR に挟まれていないのでここには入ってこない）が産生する．これを細胞に感染すると，外来遺伝子が細胞のゲノムに組み込まれる（この細胞は，レトロウイルスは合成できない）．

　いずれの方法も利点や欠点はある．多数の細胞がある中で特定の細胞に導入するにはレーザー法が適しており，DNA の導入効率はさまざまな方法の中で電気穿孔法のほうが効率がよい．しかしながら，両方の方法とも，細胞の種類によっては物理的刺激により死滅する細胞も多く，条件の設定を行うまでにかなりの実験が必要である．これらの特徴を表4.2 に示す．

表4.2 代表的な遺伝子導入法とその特徴

リン酸カルシウム法	設定パラメーター多い．実験者の技量に左右される．浮遊細胞には不適．導入遺伝子が多コピー，染色体にランダムに取り込まれる．
DEAE-デキストラン法	リン酸カルシウム法に比べ，試薬も少なく手順も簡便，安定性高い．一般的に導入効率が低い．
リポフェクション法	広い細胞種に適用可能．操作も簡便で技量に影響されにくく，広く使われている．高分子DNA，mRNA，二本鎖RNAにも適用可能である．至適条件の幅が狭い．
マイクロインジェクション法	技術に依存するが，ほぼ100%導入できる．
エレクトロポレーション法	簡便で，幅広い細胞種に使え，高い導入効率を示す．
レトロウイルス法	長期間安定的に維持される．広い細胞種，細胞株に導入できる．発現量があまり高くない．

B 遺伝子導入に用いられるベクターと選択マーカー

　細胞に導入された DNA は，必ずしもすべての細胞に入るわけではない．また，目的とする遺伝子を細胞内で発現するためには，導入された遺伝子のプロモーターが使われる場合もあるが，一般的には導入された細胞で確実に発現するようにアミノ酸として翻訳される部分のすぐ上流に人為的にプロモーターを接続しておくことが多い．

　遺伝子が導入されたことを選択するマーカーとしては，チミジンキナーゼやヒポキサンチングアニンホスホリボシルトランスフェラーゼなどの遺伝子マーカーもあるが，最近はネオマイシン耐性遺伝子が用いられている．ネオマイシン耐性遺伝子と目的の遺伝子を並列に結合したプラスミドや，ネオマイシン耐性遺伝子と目的の遺伝子のプラスミドとをミックスして遺伝子導入するコトランスフェクション（cotransfection）の方法によって導入される．ネオマイシンの類似体である薬剤 G418 が 30S リボソームに作用し，タンパク質合成を阻害するため死滅してしまう．一方，遺伝子の導入された細胞は生存し，細胞のコロニー（集落）を形成してくる．このような細胞を採集し，さらに G418 存在下の培養容器で培養を続けることにより，遺伝子の導入された細胞のみ集めることができる．最終的には，

細胞の染色体に導入された安定な遺伝子導入細胞として，ハイブリダイゼーションによって確認することができる（図4.16）．

　ネオマイシンの遺伝子と目的の遺伝子を別々のプラスミドに入れて，コトランスフェクションした場合は，かならずしもネオマイシン耐性細胞に目的の遺伝子が導入されるとは限らないが，ほとんどの場合は耐性細胞は目的の遺伝子が導入されている場合が多い．

　真核生物においては，細胞に導入された遺伝子が発現し，mRNAやタンパク質がつくられなければ，目的は達せられない．そのためには，導入する遺伝子の上流に人為的にプロモーターやエンハンサーを結合する必要があり，多くの真核生物で発現させるためのプロモーターをもつベクターが開発されている．そのほとんどは真核生物のウイルス系プロモーターであり，代表的なものはSV40のプロモーターかエンハンサー，RSV（Rous Sarcoma Virus）のプロモーター，レトロウイルスのLTR（Long Terminal Repeat：強いプロモーター活性がある）などがある．

　特別な系としては，カイコの核多角体病ウイルス（NPV：Nuclear Polyhedrosis Virus）のプロモーターがある．これは，カイコの培養細胞系やカイコそのものに対して目的の遺伝子をこのプロモーターへ接続して，トランスフェクションすると高発現効率で目的のタンパク質が得られる．

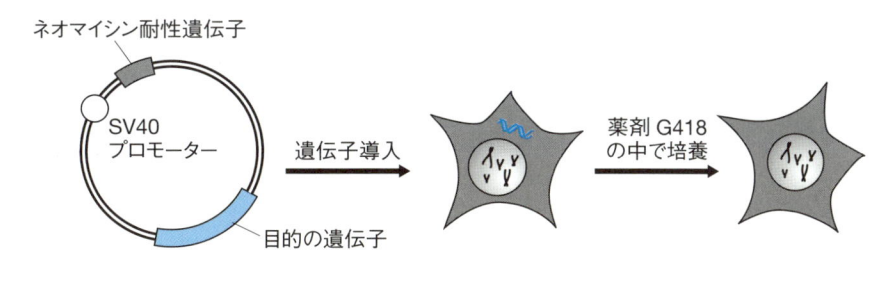

図4.16 ネオマイシン耐性による遺伝子導入細胞の選択

4.6 発生工学

　遺伝子工学は，まだ困難な問題はたくさんあるにしても，比較的自由に遺伝子を切断したり，加工したりすることが可能となっている．微生物から下等な生物まではとくに多くの問題はなかったが，高等生物の遺伝子の機能や調節を知ることが目標になってくると，大腸菌や酵母，さらには培養細胞系などでは得ることができない遺伝子の情報を解析することが必要になってくる．そのためには，個体に遺伝子を導入するトランスジェニックアニマルやプラントの作出が開発されるようになってきている．

　このようなトランスジェニックの動植物系は，生きた試験管としての役割をはたしながら，ヒトに役立つバイオの情報を直接与えようとしている．

A トランスジェニックアニマル1　ショウジョウバエ

　ショウジョウバエのなかで野外において高い頻度で突然変異や組換えを起こす系統が見いだされた．そのほかにも，不妊化などが高率でみられ，これらが子孫になって影響が出ることから，ハイブリッドディスジェネシス（hybrid dysgenesis）とよばれるようになった．この現象はP因子とよばれる転移因子がかかわっており，P因子をもつオスとP因子をもたないメスの交配のときにのみ，染色体に組み込まれたP因子が生殖細胞に限定して染色体上から飛び出し，動き出すことがわかった（図 4.17）．その後の分子生物学的解析から，P因子は4種のタンパク質をつくり出す翻訳領域をもち，両端には逆向きに31塩基の同じ配列をもっていた．転移にはこの4つの部分からつくられる転移酵素（トランスポゼース）と，切り出し，組み込みのために必ず両端の31塩基が必要であることが明らかになった．この際，両端の31塩基の配列が組み込みにとってとくに重要であり，トランスポゼースが別に供給されれば両端の31塩基にはさまれた部分は異種のDNAでも転移–挿入を行うことができることを示している（図 4.18）．

　このように転移可能な因子に大腸菌のプラスミドとしての機能を一部もたせ，任意の遺伝子を遺伝子工学的手法により31塩基の間に挿入し，このプラスミドとトランスポゼースを供給するP因子を同時に初期胚に導入することによって，目的の遺伝子をショウジョウバエに導入することができるようになった．染色体に組み込まれた目的の遺伝子をもつ親になったオスはP因子をもたない．

　メスとかけあわせすることによって，その生殖細胞で人為的に動かすことが可能である．このP因子は，現在，人為的に染色体内で遺伝子を動かすことができる唯一の系である．

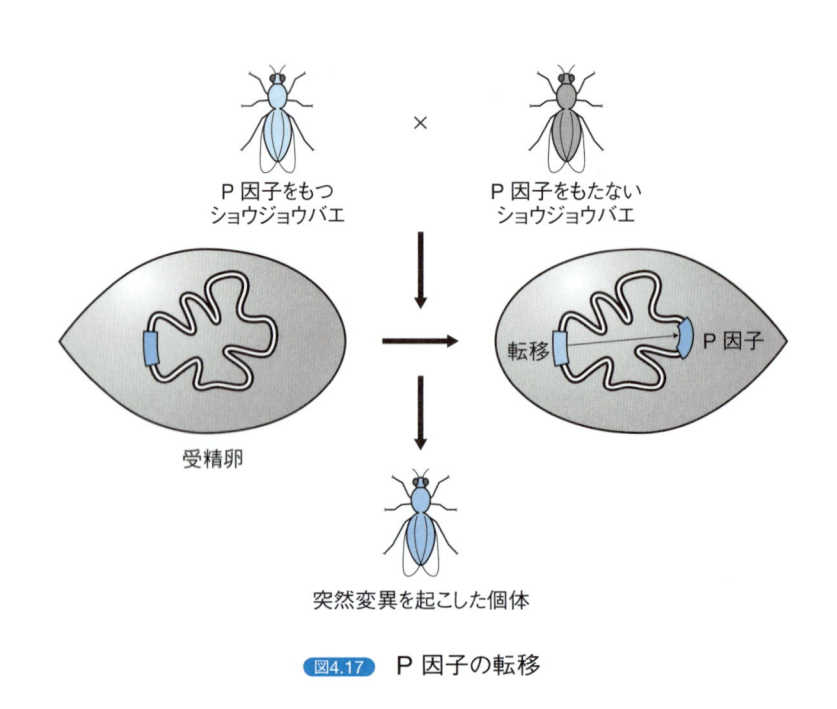

図4.17　P因子の転移

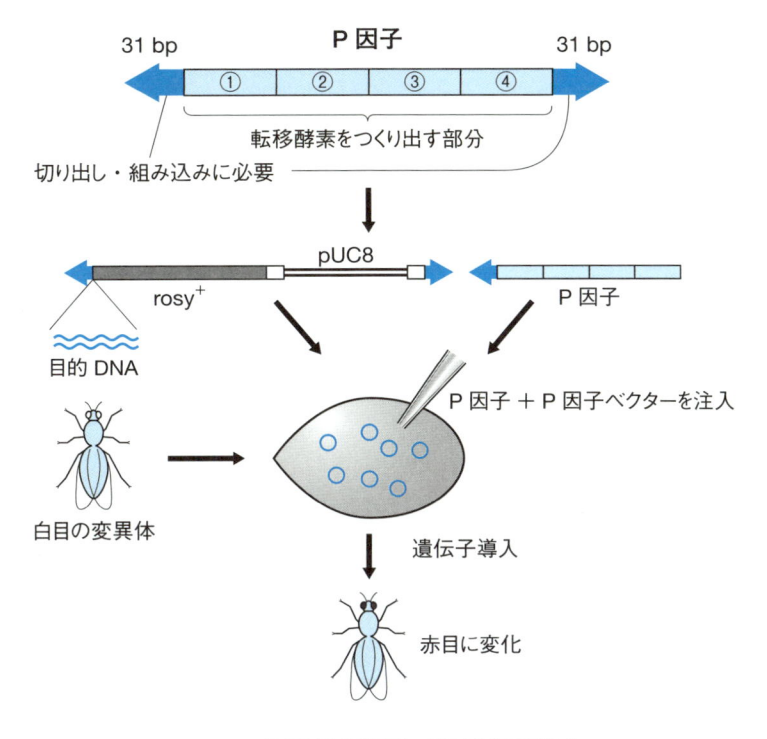

```
                    P因子
  31 bp                              31 bp
  ←――→  ① ② ③ ④  ←――→
         └─────┬─────┘
          転移酵素をつくり出す部分
  切り出し・組み込みに必要
                    ↓
         ←― rosy⁺  pUC8  ―→  ←― P因子 ―→
              目的DNA
                         ↓  ↓
        白目の変異体  →  (卵) ← P因子＋P因子ベクターを注入
                         ↓
                       遺伝子導入
                         ↓
                       赤目に変化
```

図4.18 P因子を利用しての遺伝子導入

このことを利用してP因子を動かすことにより，染色体のある特定の位置に挿入したP因子は構造遺伝子のタンパク質合成を阻害し，表現型に変化をもたらす．その表現型の変化を起こした遺伝子がどの部分かは，P因子の挿入箇所を遺伝子ライブラリーからハイブリダイゼーションによって探すことが可能である．また，この変異体をさらにP因子を動かすことによって表現型が復帰したハエも得ることができるため，挿入部位からP因子が抜けていることも調べることが可能である．

このようにP因子はハエという材料に現在は限定されているが，変異体や系統の非常に多いショウジョウバエを材料にする点において，高等生物の遺伝子解析の重要な手段になりうることを示している．

B トランスジェニックアニマル2　魚類

魚類における分子生物学的研究や遺伝子工学の技術の導入は，他の生物に比べてやや遅れている．しかし最近は，ゼブラフィッシュやメダカにおいて遺伝子導入の研究がさかんに行われるようになってきている．その理由は，魚はほとんど体外受精のため卵を得やすく，受精卵も容易につくることができるからである．ただし，受精卵においては核がみえにくく，マウスのようにDNAを注入することが難しいなどの欠点がある．また，種によって卵膜が厚くかたいものもあり，さらに魚は卵の成熟度，発生の速度，個体の大きさ，ふ

化までの日数などが種によって大きく異なる．そのため，実験系が統一的にできないなどの問題点もある．

現在はこれらのなかでとくに扱いやすいメダカやゼブラフィッシュが一年中，材料が提供でき，受精からふ化までの期間が短いなどで，研究材料として用いられている．

遺伝子導入の方法は，キャピラリーによるマイクロインジェクションやエレクトロポレーションによってDNAを導入する．トランスジェニックフィッシュは，ヒト成長ホルモン遺伝子，不活化タンパク質遺伝子の導入，ニワトリのクリスタリンの遺伝子導入などが行われている．

C　トランスジェニックアニマル3　マウス

マウスを用いた遺伝子導入，すなわちトランスジェニックマウスの作製は，高等生物の遺伝子の機能や疾病の原因などさまざまな研究に広く使われており，動物の飼育施設とインジェクションのシステムがあればかなり可能な技術となっている．トランスジェニックマウスは，受精した卵を別の仮親となるマウスの子宮内に着床させて，子供のマウスを出産させる方法である（図4.19）．このようにして得られたマウスは，尾の一部を用いて目的のDNAが導入されているかどうかをハイブリダイゼーションによって確かめ，遺伝子導入マウスが完成する．ラット成長ホルモンのマウスへの導入により，スーパーマウスの作製がトランスジェニックマウス研究の先駆けとなった．現在は，がん遺伝子の導入やヒト遺伝病に関する遺伝子の導入，高血圧マウスの作製，小児マヒポリオウイルスのレセプターを導入したポリオウイルス感受性マウスなどが次々とつくられている．これらのトランスジェニックマウスは，発がんのスクリーニング，遺伝病の治療法の確立，高血圧の治療薬の開発，ポリオワクチンの検定など，ヒト疾患のモデル系として，あるいはスクリーニングのための系として利用されている．

一方，受精卵の8細胞周期の細胞を異なる性質のネズミからそれぞれ取り出し，各々を

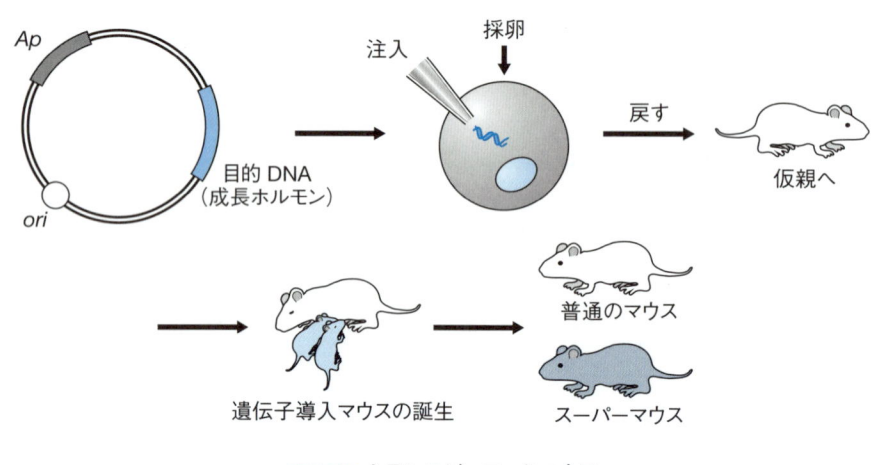

図4.19　トランスジェニックマウス

体外で融合させ，体内に戻すことによりキメラマウスを作製することも可能である（図4.20）．このキメラマウスは，体のすべての細胞が両方のマウスからの性質をもつ固有の細胞の集合となるものである．これにより，1つの臓器が異なった遺伝子型をもつ細胞から形成されていて，多くの均一系とは異なった生物学的解析が1つの個体として行われるようになってきている．

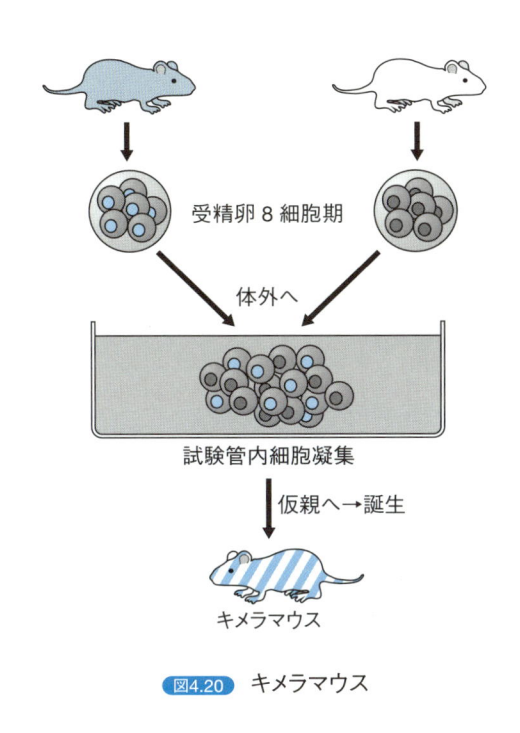

図4.20　キメラマウス

遺伝子導入によるトランスジェニックマウスの系はすでに確立しているが，この場合の遺伝子の染色体への組み込み場所は，マウスを作製する研究者側が決めることができない．もし，相同組換えなどにより目標とする場所に遺伝子が導入できれば，さらにトランスジェニックマウスを用いた多くの実験が前進する可能性がある．

この目的のために開発されたガラス容器，すなわち *in vitro* で培養が可能な ES 細胞（embryonic stem cells, 胚性幹細胞）が樹立された．ES 細胞は初期の発生過程の胚を *in vitro* で培養することにより，未分化のままで継代培養することができる．この細胞を初期胚に注入すると，正常な発生のサイクルに組み込まれ，さまざまな細胞に分化して，最終的には初期胚の細胞とのキメラマウスを作製することができる（図4.21）．

マウスの卵は受精後に分裂をくり返す．受精後3日目の胚盤胞は，外側に将来，胎盤となる一層の栄養外胚葉となり，内側は内部細胞塊（ICM）からなっている．すなわち，このICMがマウスの個体を形成するようになる．ES 細胞は，ICMから由来して継代可能な細胞である．このような ES 細胞を用いることにより，*in vitro* での任意の遺伝子導入や，特定の遺伝子を標的として，その遺伝子を特異的に破壊するジーンターゲッティングなど

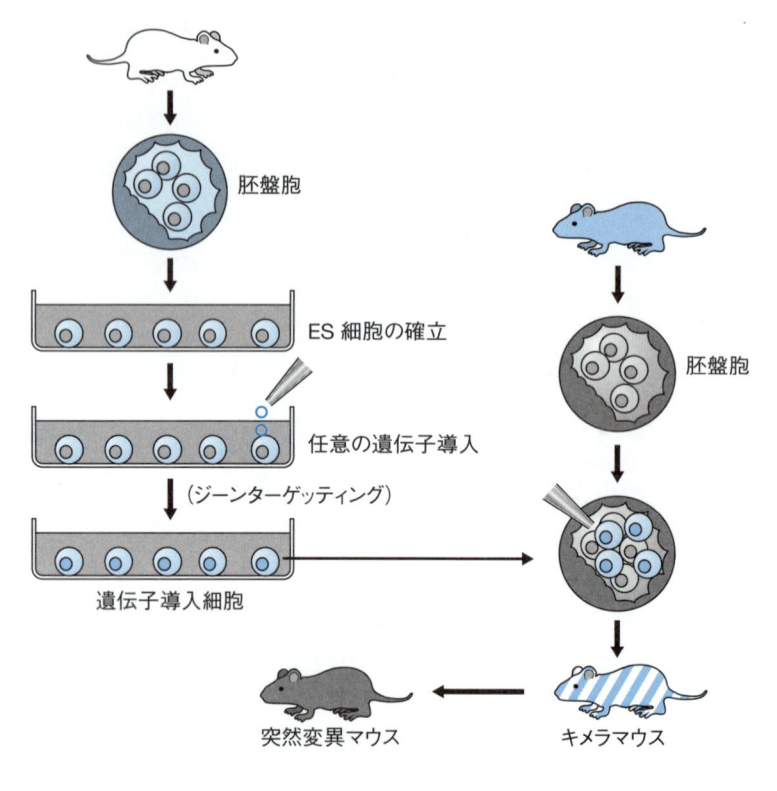

図4.21 ES細胞を利用したジーンターゲッティング

が可能となり，現在研究が進みつつある（図4.18）．

しかし，ES細胞を用いるには倫理的な問題も内包している．これは，受精卵を使用するためである．これに対して，2012年ノーベル医学生理学賞を受賞した山中伸弥教授らによるiPS細胞の作製（2006年にマウスの線維芽細胞で，2008年にヒトの線維芽細胞で作製された）は分化後の体細胞から未分化の細胞をつくることができるため，きわめて大きな可能性を有している．

iPS細胞（人工多能性幹細胞，induced pluripotent stem cells）は，体細胞へ数種類の遺伝

表4.3 初期化にかかわる遺伝子

Oct3/4	マウスES細胞の未分化能維持に重要．発現が通常量の1.5倍，あるいは0.5倍に変化するとES細胞は分化を開始．
Sox2	DNA結合能をもつHMGドメインと転写活性化ドメインからなる転写因子．初期胚での未分化細胞集団，神経系の幹細胞や前駆細胞にみられ，その機能の未分化性へ関与する．未分化性特異的転写因子であるOct3/4と協調してさまざまな下流遺伝子の発現を制御．
Klf4	さまざまながんで腫瘍抑制因子として機能する．乳がんなど，ある種のがんではがん遺伝子として機能する．
c-Myc	がん関連転写因子

子を導入することにより，ES細胞（胚性幹細胞）のように多くの細胞に分化できる分化万能性と，分裂増殖を経てもそれを維持できる自己複製能をもたせた細胞である．山中教授らは *Oct3/4*, *Sox2*, *Klf4*, *c-Myc* の4遺伝子をレトロウイルスで線維芽細胞に導入し，回収，フィーダー細胞上に再播種して作製した．初期化するための遺伝子の組み合わせがこれ以外にも報告されたり，遺伝子導入をレトロウイルスを用いなくするなどの変法や改良が行われている．それぞれの遺伝子のわかっている機能について表4.3に示した．

4.7 遺伝子発現の評価

A 遺伝子発現の分析

細胞に導入され，染色体に組み込まれた遺伝子が発現しているかどうかは，サザンブロットハイブリダイゼーションやノーザンブロットハイブリダイゼーションだけでは確かめることができない．

近年，遺伝子の機能の研究，とくにタンパク質をコードする遺伝子の上流にあるプロモーター領域がどのようにタンパク質の発現と関連性をもつかの研究がさかんに行われるようになってきている．この目的のためには，特定の遺伝子をプロモーター領域と思われる部分に接続して，その遺伝子の発現を何らかの方法で定性的，定量的に測定する方法がとられている．動物の細胞系では，クロラムフェニコールアセチルトランスフェラーゼ（CAT）遺伝子が測定遺伝子として用いられ，この遺伝子の上流にプロモーター部分を接続したプラスミドを細胞に導入する（図4.22）．導入後，一過性（必ずしも染色体に組み込まれず，DNAプラスミドとして存在し，そこから発現されることを意味する）に発現したCATを，

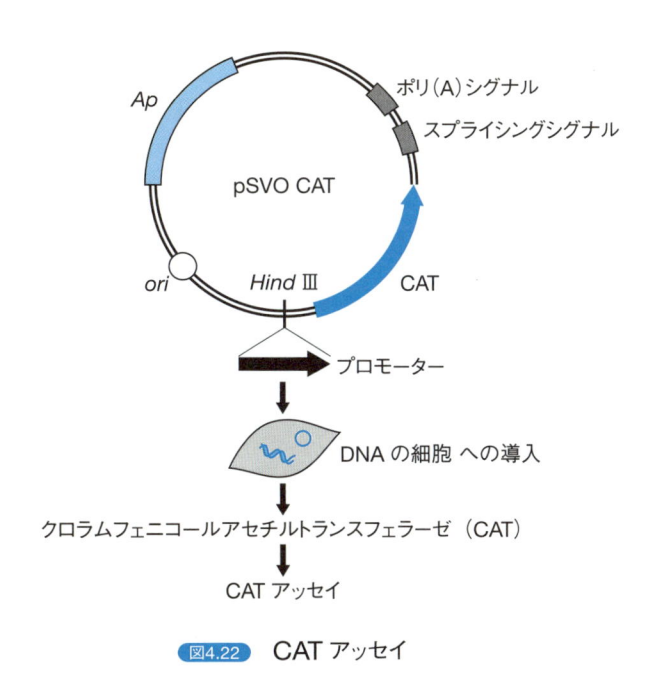

図4.22 CATアッセイ

細胞を凍結－融解した抽出液として回収する．この量を放射性同位体でラベルされたクロラムフェニコールを用いて CAT によるアセチル化の量を薄層クロマトグラフィーで検出することによって調べることが行われている．

また免疫学的な方法として 96 穴のプレートに抗 CAT ウサギ抗体をコーティングしておき，この上に細胞抽出液（CAT）を加える．さらにビオチン化した抗 CAT 抗体を二次抗体として加え，このビオチンにアルカリホスファターゼをもつアビジンを加えることによってビオチン－アビジンの結合が起こる．この末端にあるアルカリホスファターゼを発色によって定量する．このように固体表面に付着した抗原に結合した酵素（アルカリホスファターゼ）を付加した抗体を用いて免疫学的に測定する方法を ELISA（enzyme-linked immunosorbent assay）とよんでいる（図 4.23）．

一方，植物の細胞系で用いられる発現ベクターとしては，β-グルクロニダーゼ（GUS）遺伝子が用いられている．この酵素は多くの植物では活性をもたないので，バックグラウンドが低く，基質により青色として目で見ながら測定することができる．逆転写やリアルタイム PCR の方が圧倒的に多い（p.50 参照）．

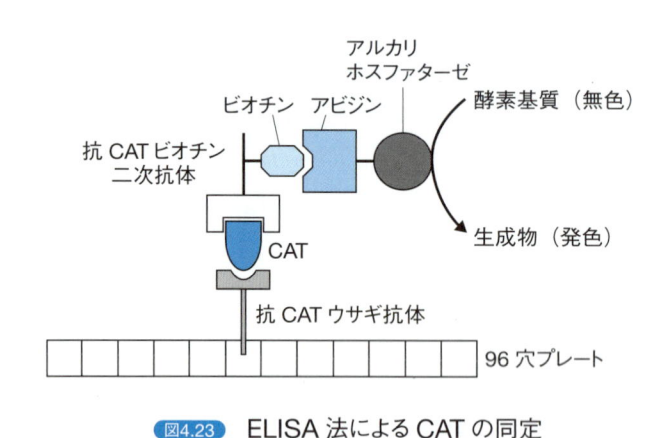

図4.23 ELISA 法による CAT の同定

B 遺伝子発現の研究

真核生物における細胞培養技術や細胞への遺伝子導入技術の発展は，細胞のなかでどのような遺伝子のはたらきにより mRNA の特異的発現調節が行われているのか，また，細胞内の情報伝達がどのような因子（タンパク質）を介して伝達されるのか，などゲノム解析の進展とあいまって重要な研究テーマになってくる．

フィールズ（S. Fields）らによって開発されたツーハイブリッド法（two-hybrid system）は，これらの研究の進展に貢献する重要な技術で，細胞内で 2 つの遺伝子産物（タンパク質のこと）をそれぞれ転写因子の DNA 結合化領域と転写活性化領域に融合させ，両方の相互作用を転写の活性として検出する方法である．

具体的には，酵母 *lacZ* 遺伝子の転写調節因子である GAL4 が DNA 結合領域（DNA-BD）

と転写活性化領域（AD）をもつことを利用したもので，用いられる酵母の GAL4 遺伝子はあらかじめ破壊されたものを用いる（pAS2, pAD-GAL4, 図 4.24）DNA-BD が特異的なプロモーター配列（*GAL1* UAS）に結合し，AD が RNA ポリメラーゼ II 複合体を誘導することで，下流の遺伝子が転写される．一方の領域のみでは転写活性を示さないが，各領域を他のタンパク質と融合させても機能は保持されることから，あるタンパク質（X 因子）をGAL4 DNA-BD との融合タンパク質（ベイト：餌，おとりという意味）として発現させ，一方そのタンパク質と相互作用するタンパク質（Y 因子）を GAL4 AD との融合タンパク質として発現させる．この 2 種類のタンパク質が相互作用する場合，DNA-BD と AD を含む複合体が形成され，レポータージーン（p.70 参照）の転写が活性化される．結果として，ベイトタンパク質と相互作用するタンパク質を単離することができる（図 4.25A）．また，新

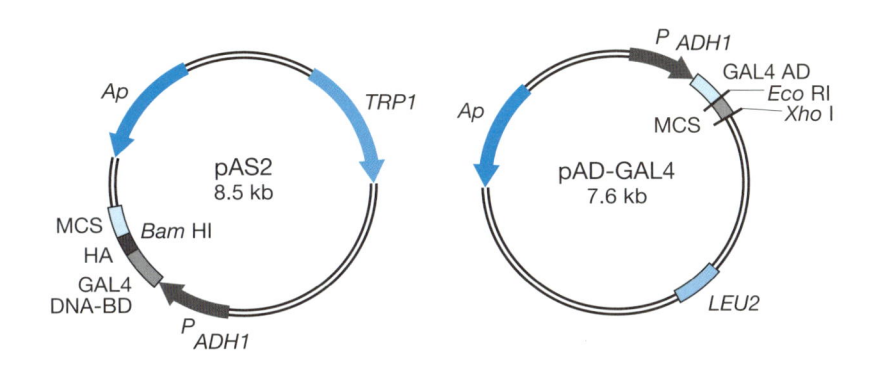

図4.24 pAS2, pAD-GAL4 の構造

この方法のために GAL4 の DNA-BD, AD との融合タンパク質が合成できるような 2 種類のプラスミドベクターが工夫されている．pAS2 は GAL4 の DNA-BD をコードするベクターであり，酵母増殖の際の選択マーカーとしての *TRP1* 遺伝子をもつ．pAD-GAL4 は AD をコードするベクターであり，*LEU2* 遺伝子を選択マーカーとしてもつ．したがって，これらのベクターを用いると，トリプトファンおよびロイシンを欠如させた SD 培地を用いることによってこれらのベクター形質転換体を得ることができる．

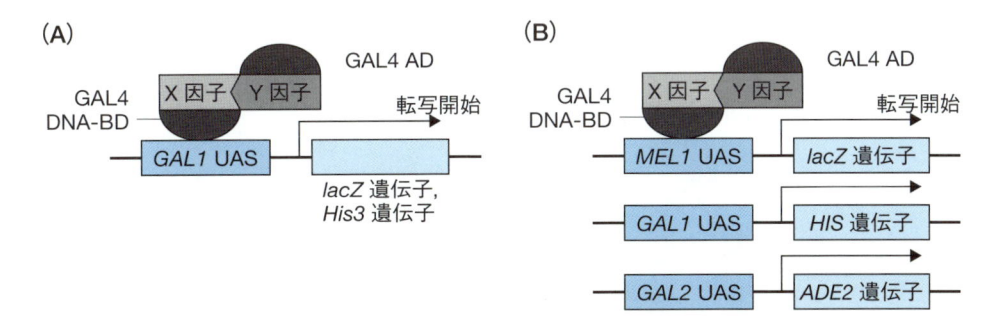

図4.25 ツーハイブリッド法の原理

CG1945（A），AH109（B）のそれぞれの染色体 DNA における GAL4 による転写の活性化機構を示す．X 因子と cDNA がコードするタンパク質（Y 因子）が相互作用する場合，UAS（Upstream Activating Sequence）の下流の *LacZ*, *His3*, *ADE2* 遺伝子の転写が活性化される．

しいツーハイブリッド法では，酵母 CG1945 株に代わって用いられる AH109 株はレポーター遺伝子として *lacZ*，*HIS3* のほかに *ADE2* 遺伝子をもち，またこれらのレポーター遺伝子が微妙に配列が異なる3種類のプロモーターにそれぞれ制御されていることから，より厳しい条件で偽陽性クローンを排除することができる（図 4.25B）．このツーハイブリッド法の原理を応用して，プロモーター領域を調べたり，結合部位のサブクローニングに用いることも行われている．

C 蛍光タンパク質の応用

GFP（緑色蛍光タンパク質，green fluorescent protein）は，タンパク質の局在，結合，遺伝子発現の研究などのレポーター分子として広く用いられている．GFP 遺伝子を各タンパク質の遺伝子に融合することで，生細胞内においてリアルタイムに挙動を追うことができるようになり，細胞から抽出して分析することが主体だった生化学から，生きたままの細胞で機能を評価できる分子生物学へとライフサイエンス研究の変遷に貢献している．この GFP 自身もまた，遺伝子工学的手法により進化を遂げており，野生型に比べて素早くフォールディングして蛍光の発生に関係する発色団を形成できるように改変したり，蛍光強度を上げたり，蛍光スペクトルを狭く（シャープに）したり，さまざまな色で蛍光を発するなど改良が続けられている．生体毒性がきわめて低いため，微生物からマウスやイヌなどさまざまな実験動物で利用されており，それぞれの生物種で発現しやすいようにコドンが変更されているものもある．

さらに，GFP の改変型を組み合わせることで分子間相互作用の解析に応用が可能である．たとえば，GFP の改変型であるシアン色蛍光タンパク質（CFP）と黄色蛍光タンパク質（YFP）をそれぞれ相互作用を観察したい2種類のタンパク質に遺伝子融合し，細胞内で発現させる．この2種類のタンパク質が相互作用を示す（近接している）ときは，蛍光共鳴エネルギー移動（fluorescence resonance energy transfer：FRET）が起きる．FRET は近接する距離の影響を受け，1～10 nm の間でしか起こらないため，この FRET の現象を評価することで相互作用を評価することが可能である．また，この方法は，1つのタンパク質にそれぞれの蛍光タンパク質を結合させ，コンフォメーションを評価するなどさまざまに応用されている（図 4.26）．

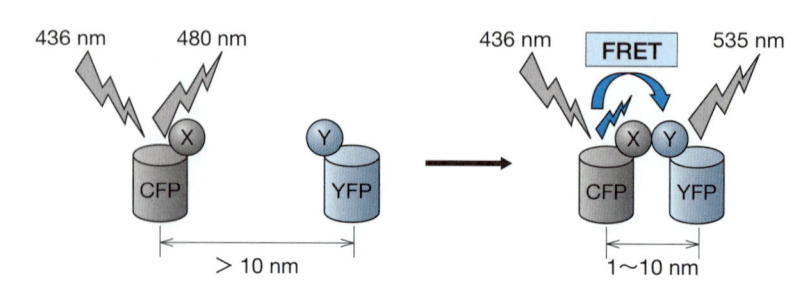

図4.26　FRET が起こるしくみ

まとめ

① 細胞融合
- 動物細胞：センダイウイルス，ポリエチレングリコール，HAT培地，*de novo*回路，ハイブリッド細胞
- 植物細胞：ペクチナーゼ，セルラーゼ，プロトプラスト，ポリエチレングリコール

② 抗体
- モノクローナル抗体，エピトープ，腫瘍マーカー，検出法，ハイブリダイゼーション，*in situ*ハイブリダイゼーション，プローブ，DIG，FITC，ミエローマ，リンパ球，ハイブリドーマ，抗体産生，抗原，抗体

③ 微生物への応用
- 変異育種，変異剤，グルタミン産生，アミノ酸産生，インスリン産生，有用物質生産

④ 植物への応用
- アグロバクテリウム，Tiプラスミド，T-DNA領域，Vir領域，バイナリーベクター，リーフディスク法，パーティクルガン法，エレクトロポレーション法，インフィルトレーション法，フレーバーセーバー，グリサホート抵抗性，遺伝子組換え大豆

⑤ 動物への応用
- リン酸カルシウム法，DEAEデキストラン法，リポフェクション法，エレクトロポレーション法，マイクロインジェクション法，レトロウイルス

⑥ 発生工学
- ショウジョウバエ，P因子，ゼブラフィッシュ，マウス，キメラマウス，ES細胞，ジーンターゲッティング，iPS細胞

⑦ 遺伝子発現の評価
- プロモーター，CAT，ELISA，GUS，リアルタイムPCR，レポーター遺伝子，ツーハイブリッド法，サブクローニング，GFP，FRET，レポータージーン

第5章 実験の安全性

　遺伝子組換え実験をはじめとする各種の生物学的，あるいは化学的実験では，さまざまな危険が伴う．たとえば微生物を扱う実験では感染や環境汚染などの危険性があり，化学薬品を使用する実験では皮膚の傷害や発がん性など人体に対する毒性をもつものを扱うことがある．さらに発火や爆発などの危険性や放射性同位元素を使用する場合もある．

　これらの実験を行うにあたっては，使用する薬品や生物などの性質や危険性を理解し，実験中の取り扱いや保管，廃棄の方法まで注意を払うことで，人体や他の生物の安全を確保し，環境への影響がおよばないようにしなければならない．

　この章では，遺伝子組換え実験の安全性，バイオハザードの防止について説明するとともに，環境問題についても解説する．人類が地球生態系の一員として他の生物と共存し，また生物を衣食住その他さまざまな領域で幅広く利用している事実も踏まえて，実験を行う際には生物や環境に対する影響や安全性に留意すべきである．

5-1 遺伝子組換え実験の安全性

　1970年代前半に組換えDNA技術が開発され，生物の遺伝子を改変することが可能となった．各国の科学者たちはその技術がおよぼす危険性を認識して，1975年に米国カリフォルニア州で開催されたアシロマ会議において**「物理的封じ込め」**と**「生物学的封じ込め」**によって危険性を未然に防ぐことを提唱し，これをもとにアメリカ国立衛生研究所（NIH）によって「組換えDNA実験ガイドライン」が制定された．

　日本でもその流れを受けて，1979年に大学等を対象とした「大学等における組換えDNA実験指針」を文部省（当時）が，また大学等以外を対象とした「組換えDNA実験指針」を科学技術庁（当時）が制定し，日本国内での組換えDNA実験の基本方針となった．

　1977年に遺伝子組換え大腸菌を用いてヒトのホルモンであるインスリンの作製が可能となり，組換えDNA技術の進歩は実験室レベルから産業化レベルに発展していった．そこで産業化段階での安全性の確保が課題となり，経済協力開発機構（OECD）で議論が進められ，1986年に「OECD理事会勧告」が採択された．これに基づき，日本国内でも「組換えDNA技術工業化指針」や「農林水産分野等における組換え生物の利用のための指針」などが制定された．

　一方，近年の野生生物種の絶滅の進行や，その原因である生物の生息環境の悪化，および生態系の破壊などに対する懸念が国際的にも深刻なものとなってきたことを背景として，生物の多様性を包括的に保全し，生物資源の持続可能な利用を行うための国際的な枠組みとして，1993年に「生物多様性条約」が発効した．この条約では，生物の多様性が進化および生物圏における生命保持の機構の維持のために重要であること，自国の生物資源について主権的権利を有すること，自国の生物の多様性の保全および自国の生物資源の持続可

能な利用について責任を有することなどが規定されている．

遺伝子組換え生物（Living Modified Organism：**LMO**）が生態系や生物多様性に対して悪影響をおよぼさないよう，LMOの国境を越える移動に関する手続きなどを定めた国際的な枠組みについて，コロンビアのカルタヘナで開催された会議で討議され，2000年に「バイオセーフティに関するカルタヘナ議定書（**カルタヘナ議定書**）」が採択された．この議定書は2003年9月に発効し，2013年4月現在，166の国と地域が批准・締結している．

カルタヘナ議定書の目的はLMOの使用等による生物多様性への悪影響を防止することであり，生物の多様性の保全および持続可能な利用に悪影響をおよぼす可能性のあるすべてのLMOの国境を越える移動，通過，取扱いおよび利用について適用されるが，人のための医薬品については適用されない．規制の対象となるLMOとは，遺伝子組換え技術または分類学上の異なる科間の細胞融合によって得られた核酸やそれを有する生物のことである．

日本もカルタヘナ議定書に批准することを決定し，2003年6月に「遺伝子組換え生物等の使用等の規制による生物の多様性の確保に関する法律（カルタヘナ法）」が成立し，2004年から施行された．この法律の施行により，従来の「組換えDNA実験指針」や「組換えDNA技術工業化指針」などはすべて廃止され，新たな省令や告示によって規制されることとなった．

A 関係法規

「遺伝子組換え生物等の使用等の規制による生物の多様性の確保に関する法律」はカルタヘナ議定書の円滑な実現を目的としたもので，遺伝子組換え生物等を食用，飼料用などに使用する場合や，栽培・育成・加工・保管・運搬・廃棄などを行う場合（これらを「使用等」という）に適用されるものである．この法律において「生物」とは，1個の細胞あるいは細胞群であって核酸を移転，または複製する能力を有するものであり，ウイルスやウイロイドを含むが，ヒトの細胞や自然条件において個体に成育しないものは除外されている．

これらの使用等には，当該遺伝子組換え生物等の拡散を防止するための措置を講じて使用する場合（これを「第二種使用等」という）と，これらの措置を行わないで使用する場合（これを「第一種使用等」という）がある．第一種使用等の例としては，遺伝子組換え植物を圃場で栽培すること，遺伝子組換え微生物を土壌に散布すること，遺伝子組換え動物を放牧すること，遺伝子組換えウイルスを用いて遺伝子治療を行うことなどがあげられる．また，遺伝子組換え植物を食糧や飼料として使用することも含まれる．第二種使用等の例では，実験室で遺伝子組換え微生物を培養すること，実験動物施設において遺伝子組換え動物を飼育・繁殖させること，特定の措置を講じた網室において遺伝子組換え植物を栽培することなどがあげられる．

拡散防止措置については，2004年に施行された「研究開発等に係る遺伝子組換え生物等の第二種使用等に当たって執るべき拡散防止措置等を定める省令」において詳細が定められている．

実験に使用する宿主や核酸供与体がもつ病原性や伝播性に基づいて，執るべき拡散防止措置のクラスを分類したものを「実験分類」といい，クラス1からクラス4の4段階に分類されている（表5.1）．

表5.1 実験分類（拡散防止措置のクラス）

クラス	対象となる宿主・核酸供与体
クラス1	微生物，きのこ類および寄生虫のうち，ほ乳動物等（ヒトを含む）に対する病原性がないものであって文部科学大臣が定めるもの．並びに動物（ヒトを含み，寄生虫は除く）および植物．
クラス2	微生物，きのこ類および寄生虫のうち，ほ乳動物等に対する病原性が低いものであって文部科学大臣が定めるもの．
クラス3	微生物およびきのこ類のうち，ほ乳動物等に対する病原性が高く，かつ伝播性が低いものであって文部科学大臣が定めるもの．
クラス4	微生物のうち，ほ乳動物等に対する病原性が高く，かつ伝播性が高いものであって文部科学大臣が定めるもの．

微生物使用実験では，宿主と核酸供与体の実験分類のクラスの数字が小さくない方がクラス1，クラス2またはクラス3であるとき，それぞれP1レベル，P2レベル，P3レベルの拡散防止措置が必要である．P1レベルからP3レベルの拡散防止措置の内容については，次頁の表5.2を参照のこと．大量培養実験では同様にLS1レベルまたはLS2レベル，動物使用実験ではP1AレベルからP3Aレベル，植物等使用実験ではP1PレベルからP3Pレベルの拡散防止措置が定められている．

遺伝子組換え実験で使用する宿主とベクターの組み合わせのうち，認定宿主ベクター系（B1）は特殊な培養条件下以外での生存率が低い宿主と，当該宿主以外の生物への伝達性が低いベクターとの組み合わせであって，文部科学大臣が定めるものをいう．EK1（*E. coli* K12株やその誘導体を宿主とし，宿主以外の細菌に伝達されないベクターを用いるもの），SC1（*S. cerevisiae* やその近縁種を宿主とし，宿主のプラスミドなどをベクターとするもの），BS1（*B. subtilis* の突然変異株等を宿主とし，宿主のプラスミドなどをベクターとするもの）などがある．

特定認定宿主ベクター系（B2）は，認定宿主ベクター系のうち特殊な培養条件下以外での生存率がきわめて低い宿主と，当該宿主以外への生物への伝達性がきわめて低いベクターとの組み合わせであって，文部科学大臣が定めるものである．EK2（*E. coli* K12株やその誘導体のうち特殊な培養条件下以外での生存率がきわめて低い株を宿主とし，宿主への依存性がとくに高いベクターを用いるもの），SC2（*S. cerevisiae* の特定の株を宿主とし，特定のベクターを使用するもの），BS2（*B. subtilis* の特定の株を宿主とし，特定のベクターを使用するもの）がある．特定認定宿主ベクター系を用いる場合は，拡散防止措置の区分レベルを1ランク下げることが可能である．

表5.2 微生物使用実験における拡散防止措置のレベルと内容

拡散防止措置の区分	拡散防止措置の内容（主な項目を抜粋）
P1レベル	① 通常の生物実験室としての構造および設備を有すること． ② 遺伝子組換え生物等を含む廃棄物は，廃棄の前に不活化するための措置を講じること． ③ 実験終了後，および遺伝子組換え生物等が付着した場合は直ちに，実験台を不活化するための措置を講じること． ④ 実験室の扉は，出入り以外のときは閉じておくこと． ⑤ 昆虫等の侵入を防ぐため，実験室の窓等は閉じておくこと． ⑥ すべての操作において，エアロゾルの発生を最小限にとどめること． ⑦ 遺伝子組換え生物等を実験室からもち出すときは，拡散しない構造の容器に入れること． ⑧ 遺伝子組換え生物等を取り扱った後は手洗いを行うこと． ⑨ 部外者が実験室に立ち入らないための措置を講じること．
P2レベル	（P1レベルの要件をすべて満たした上で，以下の要件を追加する） ① エアロゾルが生じやすい操作を行う場合は，研究用安全キャビネットを使用すること．使用後の安全キャビネットは遺伝子組換え生物等を不活化する措置を講じること． ② 実験室のある建物内に高圧滅菌器を設置すること． ③ 実験室の入口および保管設備には，「P2レベル実験中」と表示すること．
P3レベル	（P1レベルの要件のうち⑤を除くすべての要件を満たした上で，以下の要件を追加する） ① 実験室の出入口に，自動的に閉まる構造の扉が前後に設けられ，かつ更衣をする広さのある前室を設けること．前室の前後の扉は，同時に開けないこと． ② 実験室および前室の床や壁，天井の表面を容易に水洗あるいは燻蒸することができる構造であり，密閉状態が維持される構造であること． ③ 実験室または前室の出口に，手を触れずに操作することができる手洗い装置を設けること． ④ 空気が実験室の出入口から実験室内部へ流れるような給排気設備を設けること． ⑤ 実験室内に高圧滅菌器を設置すること． ⑥ 実験室内では長袖で前が開かない作業衣，保護帽，保護手袋などを着用すること． ⑦ 実験室の入口および保管設備に「P3レベル実験中」と表示すること．

B 法令で使用される用語

「生物多様性条約」や「遺伝子組換え生物等の使用等の規制による生物の多様性の確保に関する法律」とそれに関連する法令に使用されている用語について，その意味を表5.3にまとめた．

5.2 バイオハザード

バイオハザード（biohazard）とは，生物（bio）の危険性または障害（hazard）の意味で，広義には微生物を含む生物全般またはその代謝産物によるすべての生物に対する危険性のことをいう．一般的には狭義の定義である，主として有害な生物（とくに微生物，細菌，ウイルス）またはその毒性代謝産物が環境中に漏れることによってもたらされる人体への危険性や障害を指すことが多い．

バイオテクノロジー関連実験では，感染性微生物や遺伝子組換え生物を扱うことがしばしば発生するので，実験従事者はもちろんのこと一般市民や環境にも危害をおよぼすことがないよう細心の注意を払う必要がある．この項目では，バイオハザード対策としての安

表5.3 遺伝子組換え実験に関連する法令で使用される用語とその意味（抜粋）

用 語	意 味
生物の多様性	すべての生物(陸上生態系，海洋その他の水界生態系，これらの複合した生態系その他生息または生育の場を問わない)の間の変異性をいう．種内の多様性および生態系の多様性を含む．
生物資源	現に利用されている，あるいは将来利用される可能性がある生物の資源．または人類にとって現実的に，あるいは潜在的に価値を有する遺伝資源，生物およびその一部，個体群，その他生態系の生物的構成要素を含む．
遺伝資源	現実的に，あるいは潜在的に価値を有する遺伝素材をいう．
持続可能な利用	生物の多様性に対する長期的な影響をもたらさない方法および速度で生物の多様性の構成要素を利用することによって，現在および将来の世代に必要な生物の多様性の可能性を維持することをいう．
遺伝子組換え実験	第二種使用等のうち，細胞外において核酸を加工する技術の利用により得られた核酸またはその複製物(これらを組換え核酸という)を有する遺伝子組換え生物等に係る実験．
微生物使用実験	遺伝子組換え実験のうち，微生物(菌界に属する生物(きのこ類は除く)，原生生物界に属する生物，原核生物界に属する生物，ウイルスおよびウイロイドをいう)である遺伝子組換え生物等に係る実験．
大量培養実験	遺伝子組換え実験のうち，微生物である遺伝子組換え生物等の使用等であって，総容量が20リットルを超える培養設備等を用いる実験．
動物使用実験	遺伝子組換え実験のうち，動物である遺伝子組換え生物等に係る実験(動物作成実験)および動物により保有されている遺伝子組換え生物等に係る実験(動物接種実験)．
植物等使用実験	遺伝子組換え実験のうち，植物である遺伝子組換え生物等に係る実験(植物作成実験)，きのこ類である遺伝子組換え生物等に係る実験(きのこ作成実験)および植物により保有されている遺伝子組換え生物等に係る実験(植物接種実験)．
細胞融合実験	第二種使用等のうち，異なる分類学上の科に属する生物の細胞を融合する技術を利用して得られた核酸またはその複製物を有する遺伝子組換え生物等に係る実験．
宿主	組換え核酸が移入される生物．
ベクター	組換え核酸のうち，移入された宿主内で当該組換え核酸の全部または一部を複製させるもの．
供与核酸	組換え核酸のうちベクター以外の部分．
核酸供与体	供与核酸が由来する生物(ヒトを含む)．
同定済核酸	供与核酸のうち，次に該当するもの．①遺伝子の塩基配列に基づき，当該供与核酸やそこから生成されるタンパク質等の機能が，科学的知見に照らして推定されるもの．②分類学上の同一種，あるいは自然界で交配可能な種の核酸(ただし，宿主がウイルスやウイロイドである場合を除く)．③自然条件で宿主との間で核酸を交換するウイルスやウイロイドの核酸(宿主がウイルスまたはウイロイドの場合に限る)．
認定宿主ベクター系	特殊な培養条件下以外での生存率が低い宿主と，当該宿主以外の生物への伝達性が低いベクターとの組み合わせであって，文部科学大臣が定めるものをいう．
特定認定宿主ベクター系	認定宿主ベクター系のうち，特殊な培養条件下以外での生存率がきわめて低い宿主と，当該宿主以外への生物への伝達性がきわめて低いベクターとの組み合わせであって，文部科学大臣が定めるもの．

全キャビネットや滅菌・消毒などについて説明する．

A 安全キャビネット

ここでいう安全キャビネットとは，微生物や生物試料など感染の危険性のある試料を取

り扱う際に，実験従事者や実験室内および実験試料への汚染を防御するように設計された生物学的安全キャビネットのことである．安全キャビネットはその機能によりクラスⅠからクラスⅢまで3つのクラスに分類されている（図5.1）．

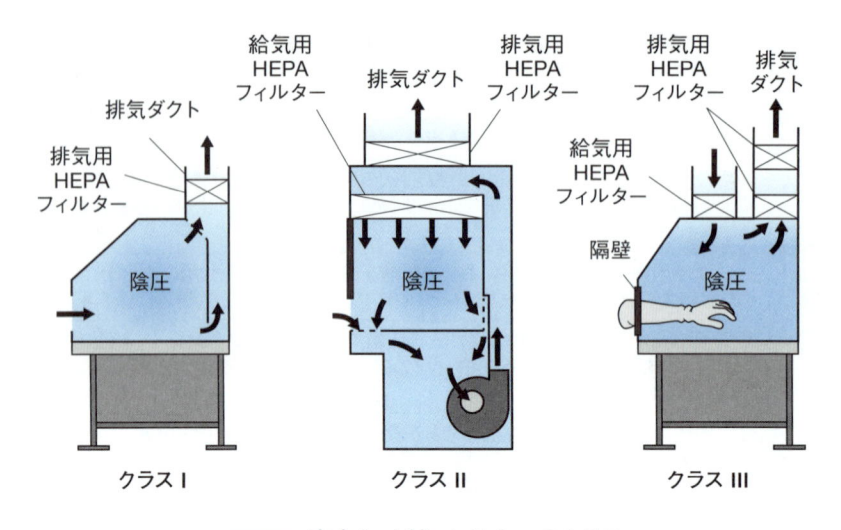

図5.1 安全キャビネットの3つのクラス
出典：バイオハザードの技術（2003年度版），AIRTECH 技術資料，No.028，p8

1 クラスⅠ安全キャビネット

前面開口部から実験室内の空気が直接流入し，キャビネット内部を通過した後，排気はHEPAフィルターでろ過して排出される構造になっている．このタイプの安全キャビネットは実験従事者を保護することを目的としており，キャビネット内は無菌状態ではないため，生物試料を扱うには不向きといえる．

2 クラスⅡ安全キャビネット

前面開口部から取り入れた空気をHEPAフィルターでろ過してキャビネット内に供給することができる構造になっていて，実験従事者の保護と同時に試料表面の汚染を防止している．排気はクラスⅠ同様にHEPAフィルターでろ過して排出される．

3 クラスⅢ安全キャビネット

最も危険性の高い病原体などを扱うもので，完全に密閉された構造である．給気はHEPAフィルターでろ過され，排気は二重のHEPAフィルターでろ過される．キャビネット内は陰圧に維持されていて，作業はキャビネットに取りつけられた頑丈なゴム手袋を用いて行うグローブボックス式になっている．

なお，HEPA フィルター（High Efficiency Particulate Air Filter）は粒径が 0.3 μm の粒子を 99.97% 以上捕集できる性能をもったフィルターで，安全キャビネットやクリーンベンチ，クリーンルームなどに利用されている．

B 滅菌・消毒法

微生物や生物試料を扱う実験においては，正確な実験データを得るためにも，また安全に実験を行うためにも滅菌や消毒が重要である．

滅菌（sterilization）とは，病原性の有無を問わずすべての微生物を完全に死滅除去し，無菌状態にすることである．これに対して**消毒**（disinfection）は対象物に存在する微生物の数を大幅に減少させ，とくに病原性微生物を除去あるいは無毒化することをいう．殺菌は微生物を死滅させることであるが，対象となる微生物や死滅の程度があいまいな用語である．滅菌・消毒法には各種の物理的・化学的方法があり，主な方法について以下に説明する．

a 高圧蒸気滅菌

オートクレーブ（autoclave）を用いて，加圧した飽和蒸気で滅菌する方法である．一般に 1 kg/cm^2 の加圧により 121℃ で 15〜20 分間の加熱処理を行う．対象物の性質や量により加熱時間や温度を調節する．オートクレーブ使用時の注意事項として，内部に被滅菌物を詰め込みすぎないことや，内部の温度が下がり圧力が常圧に戻ってから蓋をあけることに注意する．対象としては，高温に耐える培地やプラスチック製品，ガラスやステンレス製の器具などがある．

b 乾熱滅菌

乾熱滅菌器を用いて，乾燥した状態で高温で滅菌を行う．一般に 160〜170℃ で 2〜4 時間，または 180〜200℃ で 0.5〜1 時間の加熱を行う．高温に耐えるガラスやステンレス製の器具などに用いる．使用時の注意事項としては，被滅菌物の大きさや量に応じて温度や時間を設定すること，内部が高温になっているときに扉を開けると空気が流入して燃えやすいものが発火することがあるので注意することなどがある．

c 煮沸消毒・間欠滅菌

煮沸法は常圧で 100℃ 以上に温度が上昇しないので，細菌芽胞などを死滅させることは不可能である．オートクレーブでの加熱（121℃）には耐えられないが 100℃ の加熱処理が可能な場合には，間欠滅菌法が利用できる．この方法では 100℃ で 30 分の加熱を行った後に常温で放置し，1 日後 100℃ 30 分の加熱を行う操作を連続 3 日間くり返す．1 回の加熱で死滅しなかった細菌芽胞が，常温放置の間に発芽して熱抵抗性の低い栄養細胞に変化したところを再度加熱して死滅させるものである．

d 火炎滅菌

微生物実験で使用する白金耳や白金線は，使用の直前および直後に必ず火炎中で加熱して滅菌を行う．白金耳の火炎滅菌の手順は以下の通りである（図5.2）．

1) 生菌が塊になって付着している場合は菌が飛散する可能性があるので，まず白金耳の中央部分を熱して菌を乾燥固着させる．
2) 白金耳の先を還元炎の中に入れて加熱する．
3) 次に温度の高い酸化炎に移して先端部分を灼熱させる．
4) 最後に白金耳の柄の部分の半分程度までを火炎に通す．

なお，1）の操作は省略することがある．白金耳や白金線の温度が下がる前に微生物に触れると死滅してしまうので，注意が必要である．

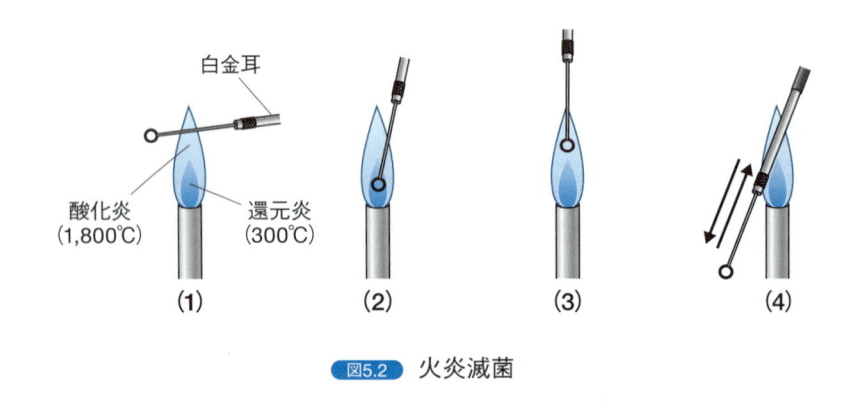

図5.2 火炎滅菌

e ガス滅菌

熱をかけることができないプラスチック製品などの滅菌は，ガス状になる薬剤を利用したガス滅菌が有効である．ガス滅菌には，エチレンオキシドガスを用いる方法とホルムアルデヒドを用いる方法がある．

エチレンオキシドガス（EOG：ethylene oxide gas）は対象とする微生物の適用範囲が広く，高温にする必要がなくて浸透性の高い滅菌法であり，プラスチック製のシャーレやピペットなどの滅菌に利用されている．しかし引火性が強く，生物への残留毒性が高いことなどに注意する必要がある．

ホルムアルデヒドガスは実験室内の消毒などに利用されており，可燃性がなく適用範囲も広いことが特徴であるが，刺激性が強いことなどが欠点である．

f ろ過滅菌

加熱により変性する試料（ビタミン類や血清など）の滅菌には，メンブレン・フィルターとよばれるろ過膜を使用したろ過滅菌が行われる．メンブレン・フィルターはセルロースやナイロンなどでできており，滅菌されたものが市販されている．製品により孔径 0.22 μm

あるいは 0.45 μm などの間隙がフィルターにつくられているので，液体などを通過させるとその孔径より大きな微生物などを除去することができる．ただし，ウイルスのように小さなものは除去できないので注意が必要である．

g 放射線滅菌

X線や電子線，γ線などの放射線は細胞中の核酸を切断するなどの作用により，滅菌や消毒に用いられることがある．放射線滅菌は加熱することなく滅菌が可能であり，物質への透過力が高く，被滅菌物を包装後に処理できるなどの利点がある．とくにコバルト60（^{60}Co）から出るγ線を利用したγ線滅菌は，プラスチック製品などに利用されている．

h 紫外線殺菌

紫外線のうち 260 nm 付近の波長の光は核酸がもっとも吸収する波長であり，そのエネルギーによって核酸の変性が起こることを利用したものが紫外線殺菌である．紫外線が直接照射される表面しか効果がないが，簡便であること，維持費が安価であることなどの理由で，クリーンベンチ内や実験室内などの殺菌に利用されている．紫外線の効果は距離の2乗に反比例するので，線源からの距離が近く，照射時間が長いほど効果がある．紫外線は目や皮膚に傷害を与えるので，直視しないことや作業中は消灯しておくことに注意する．

i 薬剤による殺菌・消毒

実験台表面や手指などは他の殺菌・消毒法を利用できないので，薬剤による方法が用いられる．70％エタノール，0.02～0.1％次亜塩素酸ナトリウム溶液（アンチホルミン），3％過酸化水素水（オキシドール），0.01～0.1％塩化ベンザルコニウム溶液などがしばしば利用される．対象物の性質などを考慮して濃度や浸漬時間を設定する必要がある．また薬剤により微生物の適用範囲が異なるので，1種類ですべての微生物に効果があると過信してはならない．

C 化学物質の危険性

実験に用いる化学物質にはさまざまな危険性を伴うものが多い．実験の際にはその物質の性質を理解して，注意事項を守って安全に使用しなければならない．

有機溶剤は他の物質を溶かす性質をもつ有機化合物の総称であり，アセトンやクロロホルムなどの各種有機溶剤が多くの実験で使用されている．有機溶剤は一般に揮発性が高く，呼吸器や皮膚を通して体内に入って傷害をもたらすとともに，引火や爆発の危険性もある．作業はドラフトなど換気装置のある場所で行い，防御のためにマスクを使用するなどの注意が必要である．貯蔵や保管，廃棄についても法令に則った対応が必要である．

重金属は銅や鉛，亜鉛，クロム，マンガンなど比重が4～5以上の金属のことである．かつて多くの公害病の原因となったように，生物に対する毒性をもっている．また他の化学物質にも急性毒性や慢性毒性のあるものや，変異原性や催奇形性をもつものがある．核酸

の実験でしばしば用いられる臭化エチジウム（エチジウムブロミド）やニトロソグアニジンなどのニトロソ化合物は変異原性をもつ．これらの化学物質の廃棄に際しては，法令を遵守し，必要に応じて専門の業者に委託する．

その他，爆発や発火，腐食性，刺激性などをもつ化学物質が消防法で危険物（第1類〜第6類）に指定され，貯蔵や保管，使用などにおいて規制を受けている．窒素ガスや炭酸ガスなど実験の際に使用する高圧ガスについても法令で規制されている．高圧ガスのボンベの色は，酸素ガス：黒色，炭酸ガス：緑色，塩素ガス：黄色，水素ガス：赤色，アンモニアガス：白色，アセチレンガス：褐色（または茶色），その他のガス：ねずみ色と定められている．

化学物質を使用する実験に際しては，実験着・保護眼鏡を着用すること，必要に応じて保護手袋を使用すること，実験終了後は必ず手を洗うこと，化学物質の性質を理解して取扱いに注意し規則に則って廃棄すること，実験室ごとに取扱責任者を置き法令遵守の体制を整えることなどが重要である．

D 放射性同位元素

放射性同位元素（radioisotope：RI）とは一定時間の経過とともに放射性崩壊をして放射線を放出する元素のことである．バイオテクノロジー関連実験では，^{3}H，^{14}C，^{32}P，^{40}K，^{131}I などを用いることがある．放射性崩壊をする時間はそれぞれの放射性同位元素によって一定であり，放射性同位元素の原子数が元の1/2になるまでの時間を半減期という．たとえば ^{3}H の半減期は12.3年，^{14}C は5,715年，^{32}P は14.3日，^{40}K は12.5億年，^{131}I は8.0日，^{137}Cs は30.1年である．

放射線には，α線，β線，γ線，中性子線，X線などがある．α線はヘリウムの原子核と同じで2個の陽子と2個の中性子からできている粒子線であり，紙1枚程度でも遮蔽ができる．β線は原子核中の中性子が陽子に変化する際に発生する電子線で，厚さ数 mm のアルミニウム板で遮蔽ができる．γ線は高エネルギー状態の原子核から放出される電磁波であり，X線は原子核の外側のエネルギーの高い軌道にいた電子がエネルギーの低い軌道に降りる際に発生する電磁波である．γ線やX線は透過力が高いので遮蔽には 10 cm の厚さの鉛の板などが必要である．中性子線は核分裂などの際に放出されるもので最も透過力が強く，水やコンクリートの厚い壁に含まれる水素原子によって遮断が可能である．

放射性物質が放射線を出す能力を表す単位をベクレル（becquerel：Bq）といい，1秒間に放射性同位元素が1個放射性崩壊すると 1 Bq である．放射性物質によって放出される放射線の種類やエネルギーの大きさが異なるために人体が受ける影響も異なってくる．そのため放射線が人体に与える影響は，放射性物質の放射能量（ベクレル）を比較するのではなく，放射線の種類やエネルギー量，影響を受ける身体の部位なども考慮して考えなければならない．このような放射線による人体への影響度合いを示す単位をシーベルト（sievert：Sv）という．

放射性同位元素の取扱いについては，販売，使用，貯蔵，廃棄などについて法令で定め

られており，放射線障害を防止するためのさまざまな規則に基づいて利用しなければならない．

E 安全性試験

　化学物質の中には生物，とくに人体に対して中毒症状などさまざまな傷害をもたらすものがある．これらの物質の安全性を調べるのが安全性試験である．安全性試験には，実験動物を使用する方法や培養細胞を使用する方法などがある．主な安全性試験には以下のものがある．

　単回投与毒性（急性毒性）試験は，被験物質を動物に単回投与した場合の急性毒性を調べるもので，50％致死量である LD_{50} を求める．LD_{50} は体重あたりの検体重量で表され，単位は mg/kg である．

　反復投与毒性（亜急性毒性）試験は，被験物質を動物に2週間から1年間毎日投与してどのような変化がみられるかを調べる．

　発がん性試験は，被験物質を1年半から2年，実験動物のほぼ一生にあたる長期間にわたって投与し，その物質に発がん性があるかを調べる．

　催奇形性試験では，胚が子宮内に着床して胎児の器官や組織が形成される時期に被験物質を投与し，胎児に与える影響を調べる．

　繁殖毒性試験では，雌雄の動物の交配前から妊娠，授乳を経て離乳するまでの時期に被験物質を投与し，さらに離乳後の子供にも被験物質を継続投与して繁殖能力に対する毒性を調べる．

　遺伝毒性試験では，サルモネラ菌の変異株を用いて，被験物質を培地に添加したときに起こる復帰突然変異の割合から変異原性を調べるエイムス（Ames）試験などがある．

5-3 環境問題

　地球上の生態系は，大雑把にとらえれば生産者である植物，消費者である動物，分解者である微生物がそれぞれの役割を分担しバランスを保ってきたが，人類の産業活動が活発化するに伴ってさまざまな環境問題が生じることとなった．生態系を維持することは生物資源や遺伝資源を保存することでもあり，持続可能な生物資源の利用と産業活動との調和が今後の大きな課題となっている．

A 生態系

　地球上には気温や降水量，日照時間などさまざまな気候要因に基づいて自然環境が形成され，そこにはその環境に適応した多くの生物が生息している．このような自然環境とそこに生存するすべての生物で構成される空間を生態系という．生態系の中では環境中の無機成分と生物体内の間で物質が循環し，同時にエネルギーも循環している．

生態系の中で生物は生産者，消費者，分解者の役割を担っている．植物は太陽から光エネルギーを取り込み，光合成によって有機物を生産する（生産者）．動物はこれらの有機物を捕食する（消費者）．植物や動物の排泄物や遺体は微生物が分解してそのエネルギーを生存のために利用する（分解者）．これらの過程はいわゆる食物連鎖であり，有機物や無機物，エネルギーが生態系の中で移動して，それに伴って物質に含まれる元素も循環をしている．

　たとえば地球上の炭素は，大気中や海水中に含まれる二酸化炭素の形で存在している割合が高い．空気中の二酸化炭素は植物に取り込まれ，光合成によって太陽の光エネルギーを吸収してグルコースやデンプンなどの糖類に合成される．これらの有機化合物は食物連鎖を通して捕食され，呼吸や分解によって二酸化炭素として環境中に排出されて，空気中にもどっていく．これを炭素循環という．

　窒素は生体内のタンパク質や核酸に含まれる元素で，生命にとって重要な元素である．窒素ガスは大気の約8割を占めるが，ほとんどの動物や植物は窒素ガスを直接利用することができない．窒素ガスは一部の細菌がもつニトロゲナーゼという酵素によってアンモニアに変換され，この過程を窒素固定という．窒素固定を行う細菌は，たとえば根粒菌とマメ科植物のように共生しているものがある．

　土壌中のアンモニアは亜硝酸菌によってまず亜硝酸に酸化され，ついで硝酸菌によって硝酸に酸化される．アンモニアが硝酸に酸化される過程を硝化といい，亜硝酸菌と硝酸菌

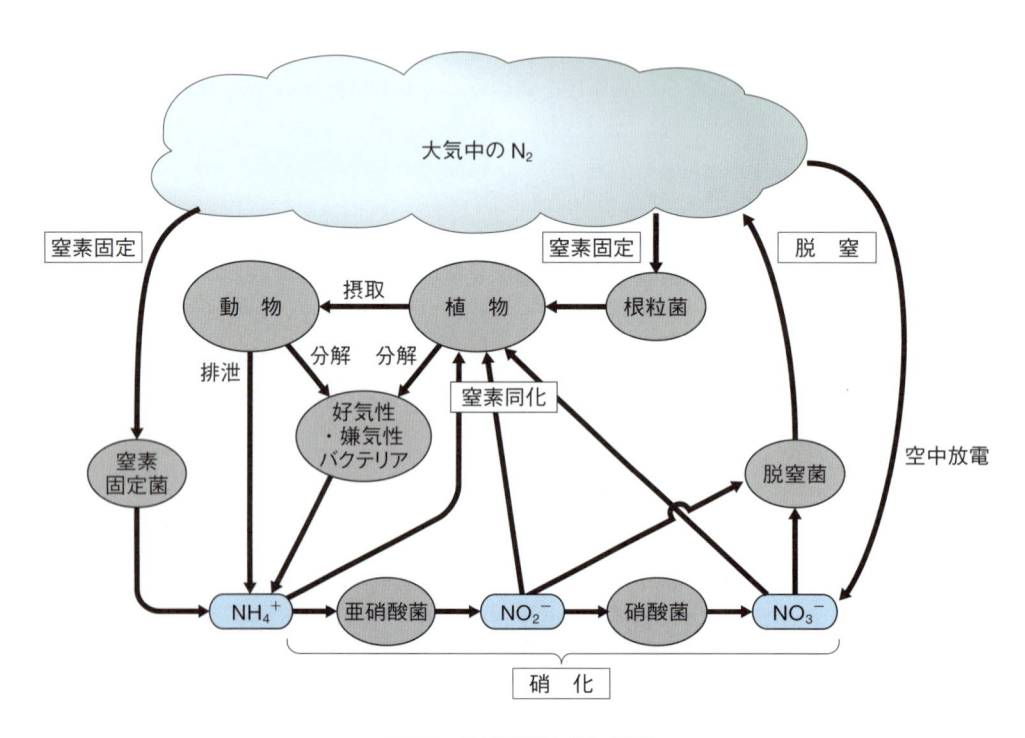

図5.3 窒素循環（模式図）

をまとめて硝化細菌という．

　植物は土壌に含まれる硝酸イオンを根から吸収し，細胞内で各種のアミノ酸が合成される．これを窒素同化という．これらのアミノ酸をもとに生体内の有機窒素化合物（タンパク質，核酸など）が合成されて植物体を構成するとともに，動物に捕食されて動物の体をつくる物質に変換される．植物や動物の遺体や排泄物は土壌などに生息する微生物が分解し，有機窒素化合物も分解されてアンモニアなどの無機窒素化合物となる．

　土壌や水界にある硝酸イオンは脱窒菌によって還元され，亜硝酸，アンモニアから窒素ガスに変換されて大気中に放出される．この過程を脱窒という．

　以上に述べた窒素固定，硝化，窒素同化，脱窒などの過程をすべて含めて，窒素循環という（図 5.3）．なお，自然界においては落雷などの空中放電によっても窒素ガスから硝酸への酸化反応が起こる場合がある．

　その他生物にとって必須の元素であるリンやイオウなども生体内や無機環境中を循環している．

B 地球環境問題

　前項で述べたように地球上の生態系は生物と周囲の環境の間でバランスを保ちながら，長い年月をかけて変化を遂げてきた．しかし人類の産業活動が急激に活発になり，排出される物質が膨大な量に増加し，また自然環境の中では分解されない物質が環境中に蓄積するなどのさまざまな影響が表面化してきた．これらが今日，地球環境問題として取り上げられているものである．

a 地球温暖化

　産業革命以降，石炭や石油などの化石燃料の大量使用などによって大気中に放出される二酸化炭素の量は急激に増加し，また二酸化炭素を吸収する森林面積の減少もあって，産業革命前の 18 世紀半ばの二酸化炭素濃度 0.028％（280 ppm）から 2011 年には世界平均で 0.039％（391 ppm）まで増加した（温室効果ガス世界資料センターによる）．それに伴い世界の平均気温はこの 100 年間に 0.68℃上昇した．二酸化炭素はメタンやフロン，亜酸化窒素などとともに温室効果ガスといわれ，これらのガスが今後も増加し続けると，21 世紀末には日本の年平均気温は 3℃上昇すると予測されている．

　地球の温暖化により海水が熱膨張し，南極などの氷が融解するなどして海水面が上昇し，海抜の低い地域が水没することなどが懸念されている．また異常気象の発生も危惧されている．このような問題について国際的な話し合いの場が設けられ，1992 年には国連が「気候変動に関する国際連合枠組条約（UNFCCC）」を採択した．この条約のもとで温室効果ガス濃度を増加させないための具体的な方策が検討され，1997 年の第 3 回条約締約国会議（COP3）では先進国に温室効果ガスの排出削減を義務づける合意文書がまとめられた．この文書は会議が行われた都市にちなんで京都議定書とよばれている．

　京都議定書では，先進国ごとに温室効果ガス排出量の削減目標が設定され，国際的な協

調による排出量の削減を促進する仕組みが導入された．しかしこの議定書には一部の先進国は参加していない．京都議定書の次の段階に向けた新たな国際合意が必要とされているが，各国の思惑もあって進展できない状況が続いている．

ⓑ オゾン層破壊

オゾン層とは高度10～50 km付近にあり，高濃度のオゾンが含まれる成層圏をいう．オゾン層は太陽からの有害な紫外線を吸収し，地球上の生物を保護する役割をはたしてきた．20世紀以降，エアコンや電子基板の洗浄剤として使用が増加したフロンは塩素を含む化合物であり，大気中に排出されたフロンがオゾン層を破壊することが指摘されるようになった．南極上空のオゾン濃度が減少してできるオゾンホールが国際的に注目され，1987年に「オゾン層を破壊する物質に関するモントリオール議定書」が採択されて，世界的にフロンをはじめとするオゾン層破壊物質の規制が行われるようになった．

オゾン層の破壊による人体への影響として，皮膚がんや白内障の増加などが指摘されている．オゾン層を破壊するものとしてはフロンの他に，ハロン（塩素の代わりに臭素を含むフロン），四塩化炭素，臭化メチル，一酸化窒素，亜酸化窒素，硫黄酸化物などがある．

ⓒ 大気汚染

大気汚染とは，大気中の微粒子や気体成分が増加することによって人体の健康や環境に対して悪影響をおよぼすものである．人が多く集まって生活する地域では古くから石炭の燃焼により空気が汚れて健康被害が問題となっていた．20世紀初頭にはイギリスで煙（smoke）と霧（fog）を合成したスモッグ（smog）という言葉ができた．

大気汚染物質には，自動車や焼却炉からでるばい煙，舞い上がった土壌粒子や火山からの噴出物などの粒子状物質（粉じん），排出ガスに含まれる硫黄酸化物や窒素酸化物，揮発性有機化合物（VOC）などがあり，大気汚染防止法などの法令で規制されている．また諸外国でも規制値が定められ，汚染物質の増加を防止するよう努力がなされている．

硫黄酸化物や窒素酸化物は大気中の水分と結合して，酸性雨や酸性霧，あるいは酸性降下物などになり，農作物や建造物などに被害をおよぼしている．また窒素酸化物や揮発性有機化合物は太陽光に含まれる紫外線により光化学反応を起こして有害な光化学オキシダントを生成し，いわゆる光化学スモッグとなる．

大気汚染物質である粒子状物質や硫黄酸化物，窒素酸化物などは気流に乗って国境を越えて被害をもたらすので国際的な問題となっており，多くの国々で協定が締結されるなど排出削減に向けた規制が行われている．

ⓓ 水質汚染

水質汚染とは，人間の活動によって河川や湖沼，海洋，地下水などの地球上の水界に有害物質が蓄積するなどの悪影響をおよぼすことである．自然界に本来備わっている自浄作用の能力を超えたときにさまざまな事象を引き起こす．たとえば農地に散布された肥料分

が湖沼や海に集まると富栄養化の状態となり，プランクトンの異常発生によってアオコや赤潮などとよばれる現象が起こる．また，生活排水や工場排水には有機物質が含まれており，汚染の指標とされる BOD（生物化学的酸素要求量）や COD（化学的酸素要求量）が上昇して水質中の酸素不足をもたらす．また産業廃棄物には重金属や有毒物質などが含まれることがあり，それによって生活用水が汚染することもある．また，トリクロロエチレンなどの塩化炭水化物は地下に浸透し，地下水の汚染につながっている．

水質汚染に対しては水質汚濁防止法や環境基準によって規制が行われている．

e その他の地球環境問題

地球上の森林面積は約 40 億 ha で，陸地面積の約 3 割が森林に覆われていることになる．森林は二酸化炭素を吸収し酸素を供給するとともに，生物多様性の保全や生物資源の保護，土壌や水質の保全など多くの役割をはたしている．近年，農地への転換のための森林伐採や森林火災などにより森林面積が急激に減少しており，2000〜2010 年の 10 年間に減少した森林面積は年平均約 521 万 ha で，とくに熱帯雨林の面積の減少が著しいことが問題となっている．

森林破壊のみならず砂漠化などの自然環境の破壊はそこに生息する野生生物種の絶滅にもつながり，今後も国際的な協力はもちろんのこと，生活者である個人の環境への責任についても考えていかなければならない．

まとめ

❶ 遺伝子組換え実験の安全性

アシロマ会議（1975年）：物理的封じ込め，生物学的封じ込め
生物多様性条約（1993年）
バイオセーフティに関するカルタヘナ議定書（2000年）：遺伝子組換え生物（Living Modified Organism：LMO）の国境を越える移動等に関する国際的な枠組み．
関係法規
　第二種使用等：遺伝子組換え生物等の拡散を防止するための措置を講じて使用すること．
　第一種使用等：拡散防止措置を講じないで使用すること．
研究開発等に係る遺伝子組換え生物等の第二種使用等に当たって執るべき拡散防止措置等を定める省令（2004年）
　実験分類：拡散防止措置の分類．クラス1からクラス4の4段階．
　微生物使用実験：P1レベル，P2レベル，P3レベル
　大量培養実験：LS1レベル，LS2レベル
　動物使用実験：P1AレベルからP3Aレベル
　植物等使用実験：P1PレベルからP3Pレベル
　認定宿主ベクター系（B1）：EK1，SC1，BS1
　特定認定宿主ベクター系（B2）：EK2，SC2，BS2

❷ バイオハザード（biohazard）

(1) 安全キャビネット
　分類：クラスⅠからクラスⅢ．
　HEPAフィルター（High Efficiency Particulate Air Filter）：粒径0.3 μmの粒子を99.97％以上捕集できる性能を持ったフィルター．
(2) 滅菌・消毒法
　①高圧蒸気滅菌：オートクレーブを用いる．通常121℃で15〜20分間．
　②乾熱滅菌：一般に160〜170℃で2〜4時間，または180〜200℃で0.5〜1時間．
　③煮沸消毒・間欠滅菌
　④火炎滅菌
　⑤ガス滅菌：エチレンオキシドガス（EOG；ethylene oxide gas）またはホルムアルデヒドを用いる．
　⑥ろ過滅菌：孔径0.22 μmあるいは0.45 μmのメンブレン・フィルターを使用．
　⑦放射線滅菌：γ線滅菌など．
　⑧紫外線殺菌：クリーンベンチ内や実験室内などの殺菌に利用．
　⑨薬剤による殺菌・消毒：70％エタノール，0.02〜0.1％次亜塩素酸ナトリウム溶液（アンチホルミン），3％過酸化水素水（オキシドール），0.01〜0.1％塩化ベンザルコニウム溶液などを使用．

(3) 化学物質の危険性

有機溶剤：呼吸器や皮膚への傷害，および引火や爆発の危険性．

重金属（銅，鉛，亜鉛，クロム，マンガンなど）

変異原性：臭化エチジウム（エチジウムブロミド），ニトロソグアニジンなど

(4) 放射性同位元素

放射線：α線（ヘリウムの原子核と同じ粒子線），β線（電子線），γ線（電磁波），中性子線，X線（電磁波）

ベクレル（Bq）：放射性物質が放射線を出す能力を表す単位

シーベルト（Sv）：放射線による人体への影響度合いを示す単位

(5) 安全性試験

単回投与毒性（急性毒性）試験，反復投与毒性（亜急性毒性）試験，発がん性試験，催奇形性試験，繁殖毒性試験，遺伝毒性試験がある．

❸ 環境問題

(1) 生態系

炭素循環：光合成，食物連鎖（生産者，消費者，分解者）

窒素循環：窒素固定，硝化，窒素同化，脱窒

(2) 地球環境問題

①地球温暖化：温室効果ガス（二酸化炭素，メタン，フロン，亜酸化窒素など）

②オゾン層破壊：フロン，ハロン，四塩化炭素，臭化メチル，一酸化窒素，亜酸化窒素，硫黄酸化物など

③大気汚染：ばい煙，粒子状物質（粉じん），硫黄酸化物，窒素酸化物，酸性雨，酸性霧，酸性降下物，揮発性有機化合物（VOC）など

④水質汚染：富栄養化，重金属，有毒物質など．有機物質の量はBOD（生物化学的酸素要求量）やCOD（化学的酸素要求量）を測定．

第6章 バイオ機器

バイオテクノロジー関連実験においてはさまざまな機器が利用されている．この章では各種バイオ機器の原理や実験の際の注意事項などについて解説する．

6-1 分析機器

A 分光分析法

a 可視・紫外線吸収スペクトル法

光は電磁波の一種であり，その波長によって異なる名称がついている．人間の目で見ることのできる光は可視光とよばれ，波長が 400 ～ 800 nm 程度である．これより波長の短いものが紫外線で，さらに波長が短くなると X 線や γ 線とよばれる．可視光より波長の長いものが赤外線であり，さらに波長が長くなるとマイクロ波やラジオ波とよばれる（図 6.1）．

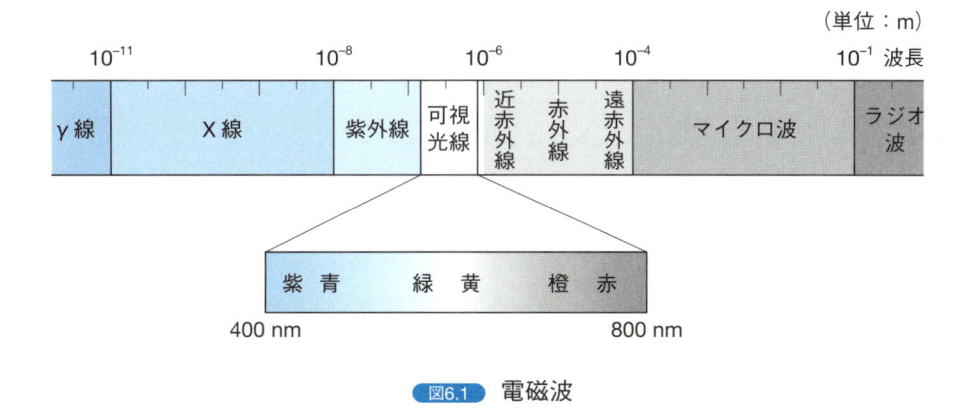

図6.1 電磁波

分子は可視・紫外線の光エネルギーを吸収すると励起状態となるが，光エネルギーの吸収の強さは波長によって異なるので**吸収スペクトル**（吸収曲線）が得られる．この吸収スペクトルは物質に特有のものであり，この性質を用いた分析法を可視・紫外線吸収スペクトル法という．

可視・紫外線吸収スペクトル法を用いて物質の同定や定量分析が可能であり，その原理は**ランベルト・ベールの法則**に基づいている．

入射光の強度 I_0 の単色光が溶液層を通過して強度 I になった時，この溶液層による吸収の割合，すなわち吸光度 A は次の式で表される（図 6.2）．

$$A = -\log(I/I_0)$$

ここで I/I_0 はこの単色光の透過度であり，百分率をとって透過率 T（%）とよぶことも

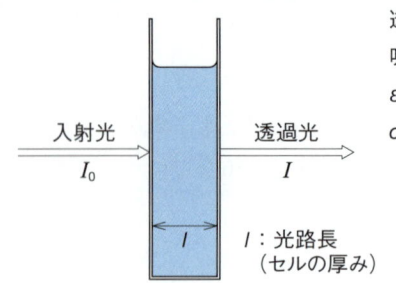

$$透過率\ T(\%) = (I/I_0) \times 100$$
$$吸光度\ A = -\log(I/I_0) = \varepsilon \cdot c \cdot l$$
ε：溶質のモル吸光係数
c：溶液のモル濃度
l：光路長（セルの厚み）

図6.2 ランベルト・ベールの法則

ある．透過率 $T(\%)$ は次の式で表される．

$$T(\%) = (I/I_0) \times 100$$

また，希薄溶液の吸光度 A は溶液層の厚さ l に比例し（ランベルトの法則），溶液の濃度 c に比例する（ベールの法則）．これらを合わせてランベルト・ベールの法則という．

$$A = \varepsilon \cdot c \cdot l$$

ここで，c は溶液のモル濃度（mol/L），l は溶液層の厚さすなわち光路長（cm），ε はモル吸光係数である．モル吸光係数 ε は，1 mol/L の溶液 1 cm を通過するときの吸光度であり，物質に固有の値である．

可視・紫外部の吸光度を測定する装置として，分光光度計が用いられる．分光光度計は，光源としてタングステンランプ（可視部用）や重水素ランプ（紫外部用）などが用いられ，発生した光を分光して単色光とした後，セルに入った試料を透過させる．セルの素材としてはガラスや石英，プラスチックなどがあり，素材の特性によって測定できる波長域が定まっている．石英セルは紫外部での測定に用いられる．セルは通常溶液層の厚みが 1 cm になるようにつくられている．

分光光度計を用いた測定で留意すべき点として，①溶液に濁りがある場合，②セルの表面に汚れや水分が付着している場合，③吸光度が1を超える場合については，正確な測定ができない．

物質が固有の吸収スペクトルをもつことを利用して，タンパク質や DNA の定量や純度決定が可能である．たとえば，タンパク質は含まれるチロシンやトリプトファンなどの側鎖の吸収により 280 nm 付近に吸収極大をもつ．また核酸は塩基の吸収により 260 nm 付近に極大吸収をもつ．DNA 抽出の際にタンパク質がしばしば混入するが，280 nm の吸光度と 260 nm の吸光度を比較して核酸の純度を概算することができ，A_{260}/A_{280} の比が 1.8 になるときが最も純度が高いといわれている．

b 赤外線吸収スペクトル法

波長を連続的に変化させた赤外線を分子に照射すると，その分子に固有の振動エネルギー

に対応した赤外線が吸収され，特有のスペクトルが得られる．この赤外線吸収スペクトルから分子の構造を解析することができ，これを赤外線吸収スペクトル法という．

既知物質と試料の赤外線吸収スペクトルを比較することで試料の同定を行うことができ，二重結合や官能基の種類，水素結合などの構造を推定することも可能である．

赤外線吸収スペクトルを測定する装置としては，FT-IR（フーリエ変換赤外分光光度計）がよく用いられる．これは，照射する連続光の一部に光路差を与えることで干渉波を得て，その値をコンピューター処理して赤外線吸収スペクトルを測定する装置である．

c 原子吸光分析

気相の中にある試料原子に対して適当な波長の光を照射すると，基底状態にある原子は光を吸収して励起される．励起される波長はその原子に特有のものであり，また原子数に応じて吸光量が変化するので，この値から試料元素の濃度を求めることができる．この性質を利用して試料元素の定性や定量を行うことができ，溶液中の吸光光度法と同様にランベルト・ベールの法則が適用できる．

試料の原子化には熱エネルギーが用いられ，バーナーの炎を用いるフレーム法と，電気的な加熱などにより原子化するフレームレス法がある．

原子吸光分析の特徴としては，①非常に感度が高い，②共存する他の元素の影響を受けにくい，③前処理が比較的簡単である，などがあげられる．ただし，分析する目的元素に応じて専用の光源ランプが必要である．

この方法を用いて，工場排水などの環境汚染物質の測定や不純物検査などが行われており，その他医学や農業分野などでも利用されている．

B クロマトグラフ法

物質を分子の大きさや質量，吸着力，電荷量，疎水性などの差を利用して分離，あるいは精製する方法をクロマトグラフィー（chromatography）という．

クロマトグラフィーでは，固定相の表面や内部を移動相が移動する過程で物質が分離される．移動相が気体であるガスクロマトグラフィー（gas chromatography）や，移動相が液体である液体クロマトグラフィー（liquid chromatography）をはじめ，薄層クロマトグラフィーなどが実験ではしばしば用いられる．

a ガスクロマトグラフ法

ガスクロマトグラフはガスクロマトグラフィーを利用した分析装置で，化学，医薬品，食品，環境分野などで幅広く活用されている．

ガスクロマトグラフの構造は，キャリヤーガス流量制御装置，試料注入部，カラム，検出器などからなる（図 6.3）．試料が注入されてから分離された成分がピークを示すまでの時間を保持時間（retention time）という．この値は同じ条件ならば物質によって固有の値であり，標準物質の保持時間と比較して試料の同定を行うことができる．また，ピークの

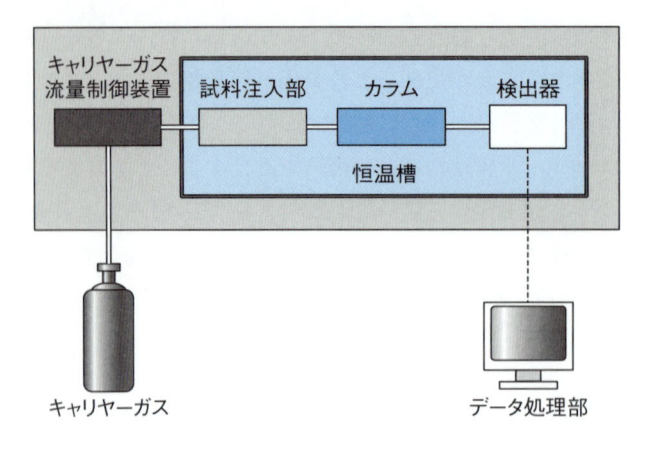

図6.3 ガスクロマトグラフの構成（模式図）

大きさは成分の量に対応するので，定量分析も可能である．対象となる成分は分析条件下で気体となることが必要で，不揮発性物質をそのまま分析することはできない．

ガスクロマトグラフの特徴として，①混合成分系を迅速に効率よく分析することができる，②カラムの種類が多く適用範囲が広い，③条件を工夫すると 10^{-12} g 以下の微量成分の検出も可能である，④試料の量が少なくても分析ができる，⑤再現性がよい，などがあげられる．

ガスクロマトグラフの検出器には，熱伝導度検出器（TCD：thermal conductivity detector）や水素炎イオン化検出器（FID：flame ionization detector）などがよく用いられている．

キャリヤーガスにはヘリウムガス（He），窒素ガス（N_2），水素ガス（H_2）などが用いられ，検出器がTCDの場合はヘリウムガスや水素ガス，FIDの場合は窒素ガスが使われることが多い．

実験に際しては，目的とする成分に応じて適切なカラムの種類やキャリヤーガス，温度，流量などの実験条件を検討しなければならない．また，試料の前処理も重要であり，不揮発成分の除去や，酸やアルカリを中和するなどの処理が必要である．ピークが正規分布形からずれる場合やテーリングする場合は，より正確に定性や定量を行うために実験条件を再検討することが必要となる．

定量分析では，標準物質を分析したときの濃度とピーク面積が一定範囲内で直線関係になることを利用し検量線を作成する．以前は近似法として半値幅法などが利用されていたが，現在ではコンピューター処理されたピーク面積値を利用するのが一般的である．

b 高速液体クロマトグラフ法

液体クロマトグラフィーは移動相に液体を用いるクロマトグラフィーであり，とくに高圧送液ポンプと高性能カラムの使用によって高速に分離するものを高速液体クロマトグラフィー（HPLC：high performance liquid chromatography）という．HPLCを用いて未知物

質の同定や定量，分離精製などが可能となる．

　HPLC装置は，送液部，分離部，検出部，データ処理部の4つの部分からできている（図6.4）．分離に用いる原理により，分配クロマトグラフィー，吸着クロマトグラフィー，イオン交換クロマトグラフィー，ゲルクロマトグラフィー，アフィニティクロマトグラフィーなどの種類がある．

　分配クロマトグラフィーでは，移動相と固定相の間で試料成分の溶解度の差によって分離が行われ，固定相に溶けやすい成分ほど遅れて溶出する．吸着クロマトグラフィーでは試料中の成分が固定相表面に吸着し，吸着力の強い成分ほどゆっくりと溶出する．

　これらのクロマトグラフィーでは，移動相と固定相の極性の相対的な関係から，順相系と逆相系に区別される．順相系では，移動相の極性が固定相より相対的に低く，極性の高い有機化合物や糖類などの分離に適している．逆相系では，固定相より移動相の極性が高く，極性がそれほど高くない有機化合物の分離に適している．

　イオン交換クロマトグラフィーでは，固定相にイオン交換体を用いて，移動相の中のイオンと試料との間の可逆的なイオン交換により分離が行われる．移動相には，緩衝液や酸，塩基の水溶液などが用いられる．

　ゲルクロマトグラフィーでは，固定相に網目構造をもつ多孔性物質を用いており，試料成分は多孔性物質の間隙に浸透することで分離される．すなわち，間隙の細孔に浸透する小さい分子はゆっくりと溶出し，細孔より大きな分子は速やかに溶出されるので，分子量の大きな成分ほど早く溶出されることになる．この性質を利用して，試料成分の分子量を推定することが可能である．

　アフィニティクロマトグラフィーは，生体物質がもつ特異的な親和性を利用したクロマトグラフィーで，酵素と基質，あるいは抗原と抗体などの組み合わせを用いて特定の物質を分離精製することが可能である．分離したい成分と特異的な結合を行う物質を固定相に結合し，試料を溶出することで目的とする成分を非常に高い効率で分離することができる．この方法により，従来の方法では分離の困難であった光学異性体の分離や微量成分の精製

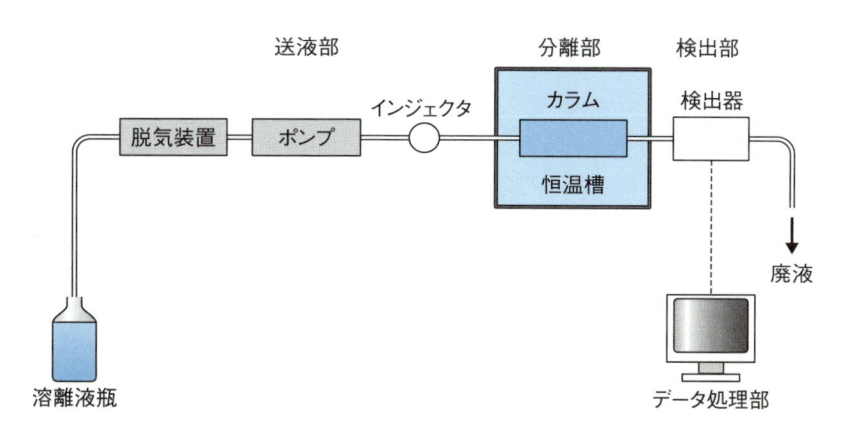

図6.4 HPLCの構成（模式図）

が可能となった．他のクロマトグラフィーが物理的あるいは化学的な性質によって分離するのに対し，アフィニティクロマトグラフィーは生物学的な性質によって分離するものである．

HPLC の検出器には，紫外・可視吸光検出器，蛍光検出器，電気伝導度検出器，示差屈折率検出器などがあり，分析対象となる成分の特徴によって選択する．

定性と定量はガスクロマトグラフィーと同様であり，保持時間から成分を推定することができ，ピーク面積から成分の定量が可能である．実験の際の注意事項として，カラムの目詰まりを防ぐために試料溶液を注入する前にフィルターでろ過することや，移動相を調製後ろ過や脱気をして使用することがある．

c　その他のクロマトグラフ法

ガスクロマトグラフ装置や HPLC を使用しない簡便なクロマトグラフ法として，薄層クロマトグラフィー（TLC：thin layer chromatography）やペーパークロマトグラフィー，カラムクロマトグラフィーがある．

薄層クロマトグラフィーでは，ガラス板などのプレート上にシリカゲルなどの担体を薄く均質に展着したものを適当な大きさに切断して使用する．プレートの下部に試料溶液を小さな点状に添加し，その後展開溶媒の入った展開槽にプレートの下端を数 mm 程度浸して密閉する．展開槽の内部は，展開溶媒が飽和状態になっていることが望ましい．

展開後はプレートに発色剤をスプレーで噴霧して，スポットを観察する．展開する前に試料を添加した点を原点とし，スポットの中心までの距離（a）と展開溶媒の先端までの距離（b）の比（a/b）である移動率 R_f 値を標準物質と比較して，試料の定性を行う（図 6.5）．一方向の展開では十分な分離ができない場合は，展開溶媒を変えて直角方向にさらに展開

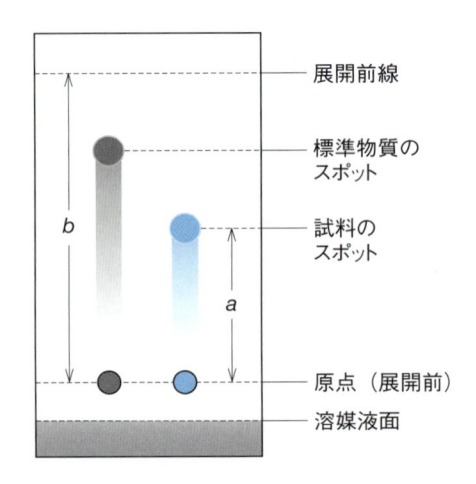

図 6.5　R_f 値の求め方
R_f 値は原点から試料スポットの中心までの距離（a）と展開溶媒の先端までの距離（b）の比（a/b）として求める．

する二次元クロマトグラフィーを行うこともある．

　ペーパークロマトグラフィーはろ紙を担体としたクロマトグラフィーで，薄層クロマトグラフィーと同様にろ紙の下端に試料を点状に添加し，展開溶媒を少量入れた密閉容器の中で展開する．R_f値を求める方法も同様である．

　カラムクロマトグラフィーでは，担体をカラムに充てんし担体上部に試料を添加して展開溶媒で流下させて分離を行う．担体には，吸着型，分配型，イオン交換型，分子ふるい型などいくつかの種類があり，分離したい試料に対して適切な担体を選ぶことが必要である．分子ふるい型のカラムクロマトグラフィーでは，試料成分が分子量の大きなものから順に溶出するので，分離や分取が可能である．

C 電気泳動法

　電気泳動は，電場の中にある電荷をもった物質が，その物質の電荷や分子の大きさ，形状などに応じて移動することを利用した分離法である．

　電気泳動の支持体として，アガロースゲル，ポリアクリルアミドゲル，ろ紙，セルロースアセテート膜などが用いられる．アガロースゲルやポリアクリルアミドゲルは分子ふるい効果をもつので，物質はその電荷と分子量に依存して移動する．電気泳動法は，タンパク質，ペプチド，アミノ酸，核酸，オリゴヌクレオチドなど各種の生体成分の分離分析に利用されている．

　アガロースゲルは大きな網目構造をもち，核酸や分子量の大きなタンパク質の電気泳動に用いられる．0.3％アガロースゲルでは5,000～60,000 bp，2％アガロースゲルでは100～2,000 bp の核酸を分離することができる．核酸に含まれるリン酸基はマイナスの電荷をもっているので，電気泳動により陽極に向かって泳動する．

　試料をアガロースゲルのウエルに添加する際に，ブロモフェノールブルー（BPB）を含むグリセロール溶液を加えることが多い．グリセロールは試料の比重を大きくし，またBPBは試料を着色してウエルへの添加を容易にし，泳動距離の目安にもなる．

　ポリアクリルアミドゲルはアガロースゲルに比べると網目構造が細かいため，分子量の比較的小さい核酸やタンパク質の分離に適している．タンパク質の電気泳動では，変性剤であるSDS（ドデシル硫酸ナトリウム：sodium dodecyl sulfate）を加えるSDS-ポリアクリルアミドゲル電気泳動（SDS-PAGE：SDS-polyacrylamid gel electrophoresis）を用いることが多い．SDS-PAGEでは，タンパク質分子にSDSが結合することにより，タンパク質自身の電荷に関係なく，分子量だけが移動度に影響するので，一定範囲内でタンパク質分子の移動度と分子量の対数との間に直線関係ができ，分子量の推定が可能になる（図6.6）．

　ポリアクリルアミドゲル電気泳動後のタンパク質の染色法としては，CBB（クーマシーブリリアントブルー）を用いる色素染色法や，銀イオンを用いる銀染色法などがある．

　その他の電気泳動法として，直角な2方向に異なる条件で電気泳動する二次元電気泳動法は多種類のタンパク質を同時に分離分析することができるので，プロテオーム解析などにも利用されている．また，分子量の非常に大きなDNA分子の分離には，パルスフィー

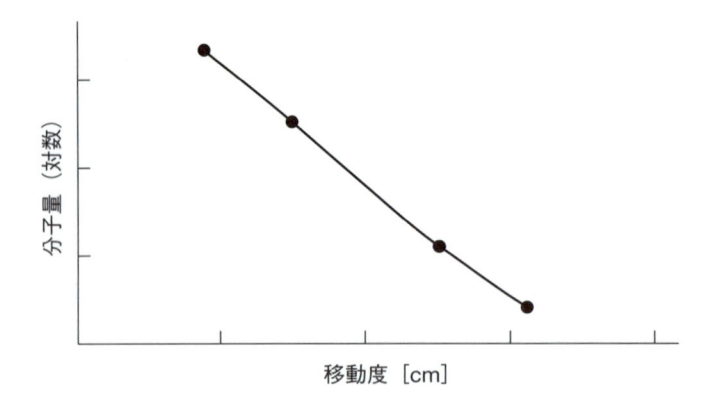

図6.6 電気泳動の移動度と分子量の関係
SDS-ポリアクリルアミドゲル電気泳動後の試料分子の移動度は，その分子量の対数と一定範囲内で直線関係になる．

ルド電気泳動法が用いられる．キャピラリー電気泳動法は内径 100 μm 以下の細い管の中で泳動を行う方法で，少量のサンプルで短時間に高い分離を行う自動分析に応用されており，前処理や廃液処理の簡素化も可能である．

6.2 バイオテクノロジー実験機器

A 滅菌関連機器

　微生物や細胞を扱うバイオテクノロジー関連実験では，雑菌の混入は致命的な結果を招くため，培地や試薬，使用する器具などをすべて無菌状態にしなければならない．これらを滅菌するために使用する機器として，高圧蒸気滅菌器（オートクレーブ：autoclave）や乾熱滅菌器などの使用が必須となる（5.2B 参照）．

　オートクレーブは高圧高温の飽和水蒸気により微生物を滅菌する装置であり，芽胞も死滅させることができる．実験室においては，121℃で 15～20 分程度の処理を行うことが多い．熱に耐えうる培地や器具などの滅菌に用いる．

　乾熱滅菌器は乾燥状態で加熱処理により滅菌を行うもので，180℃で 30 分以上，あるいは 160℃で 1 時間以上の加熱を行い，芽胞も死滅させることが可能である．高熱に強い金属やガラス器具などに用いる．

　その他エチレンオキシドガス（EOG）を用いる滅菌装置などもある．

B 遺伝子関連実験機器

　遺伝子解析実験では微量の試料を取り扱う場合が多いので，目的とする DNA を増幅することが必要となる．このとき使用される機器をサーマルサイクラーとよび，きわめて微

量のDNA試料から目的とするDNA断片（数百〜数千塩基対）を選択的に増幅することが可能である．

サーマルサイクラーはPCR（ポリメラーゼ連鎖反応：polymerase chain reaction）を用いたDNA増幅装置で，目的遺伝子を含むDNA試料とプライマー（目的遺伝子の両端の塩基配列と相補的な一本鎖DNA断片），*Taq*ポリメラーゼ，dNTPをチューブに入れて，温度を上下させることで「変性→アニーリング→DNA増幅」の過程をくり返す．単純な温度変化のみで増幅ができるので，大がかりな装置は不要であり，増幅に必要な時間も短時間でよい．微量のゲノム遺伝子やRNAからも目的遺伝子が選択的に増幅できるので，DNA鑑定や遺伝子診断などさまざまな分野で活用されている．

遺伝情報の解析にはDNAの塩基配列決定が必要であり，これに用いるのがDNAシークエンサーである．DNAシークエンサーでは，サンガー法を原理として蛍光標識されたddNTPを用いてDNAの複製を阻害し，キャピラリー電気泳動で分離された断片の蛍光を検出することによって塩基配列を読み取っていく．このような方式で塩基配列を決定するものを「第1世代シークエンサー」とよんでいる．

その後さらに大量の試料を同時並列的に処理できる「次世代シークエンサー」が登場し，1回の解析で数千億塩基を超える情報が得られるようになってきた．他にも新たな技術を駆使して塩基配列を決定するシークエンサーが次々に開発されていて，コストや時間を削減し，また極微量の試料からも解析が可能になっている．これらの技術はゲノムの機能解析や医療分野など多くの分野に応用され，今後も技術の発展が著しいことが予測される．

C 細胞関連実験機器

動物細胞の培養では培地がアルカリ性に傾くことがあり，培地のpHを中性付近に保つためにインキュベーター内の二酸化炭素濃度を5%程度に高めている．このような機能をもった培養器を炭酸ガスインキュベーター（CO_2インキュベーター）という．

フローサイトメトリーは細胞を1個ずつ小さな液滴の中に分離し，これらが1列に並んで流れているところへレーザー光を照射することで細胞の特性を解析し，また特定の細胞を分取することができる装置である．細胞の分取が可能なものをセルソーターともいう．

細胞融合装置はエレクトロポレーションを応用したもので，直流高電圧パルスによる一過性の細胞膜破壊と修復によって隣接する細胞が融合するものである．この方法で細胞内に遺伝子を導入することも可能である．

その他の細胞培養実験に使用する機器として，実験操作を行うクリーンベンチ，細胞を集めるための遠心機，凍結保存をするためのディープフリーザーなどがある．

6.3 汎用機器

A pHメーター

生体を構成するタンパク質や核酸などの分子は，溶液中のpH（水素イオン濃度）の影響を受けるものが多い．そのため，バイオ関連実験ではpHメーターがしばしば使用される．

pHメーターは溶液のpHを測定するために使用する機器で，一般的にはガラス電極を用いて比較電極との間に生じた電位差から溶液のpHの値を求めることができる．ガラス電極の先端はガラスの薄膜からできており，機械的な力が加わると破損することがある．また乾燥すると精度が低下するので純水や薄い酸溶液などに浸して保管する．

pHメーターの使用にあたっては，正確な測定を行うために必ず標準緩衝液による校正を行わなければならない．標準緩衝液にはpH7，pH4，pH9の3種類があり，まずpH7の標準緩衝液でゼロ点補正を行い，その後酸性側あるいはアルカリ側の標準緩衝液で校正を行う2点校正が一般的である．pHの値は温度の影響を受けやすいので，測定時の溶液の温度に注意しなければならない．

B 電子天秤

電子天秤は高い精度で物質の質量を測定する機器である．正確な測定を行うためには，①水準器を使って水平に設置すること，②震動が伝わらないように防震台の上で測定すること，③試料は静かに皿の上に載せて測定すること，などが重要である．また，周囲の風の影響を防ぐためにフードをつける場合もある．皿の周囲などに試料が飛散すると測定に支障を与えることがあるので注意する．

C 遠心機

遠心機は，試料を遠心力によって分離，分画する装置である．遠心力の大きさはローターの半径rと，角速度ωの2乗に比例し，一般に重力加速度gの単位で示される．実験の目的によって，遠心機の性能やローターの種類などを使い分けることが必要である（図6.7）．

遠心機は得られる回転数により低速遠心機，高速遠心機，超遠心機などの種類がある．

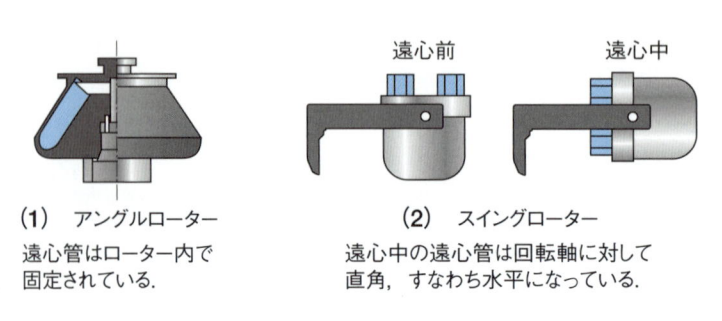

（1） アングルローター
遠心管はローター内で固定されている．

（2） スイングローター
遠心中の遠心管は回転軸に対して直角，すなわち水平になっている．

図6.7 遠心機のローターの種類

重力加速度が数万 g 以上の遠心力を得られるものを超遠心機といい，生体成分の分画の他，分子量や沈降係数を求めるために利用される．高速で回転する遠心機内部は温度上昇が起こるので，冷却装置を装備したものや内部を減圧して使用するものがある．

アングルローターは，遠心管が回転軸と一定の角度で傾斜して回転する構造になっている．スイングローターは遠心管を収めたバケットが遠心力によって水平になって回転する．

D 顕微鏡

顕微鏡（microscope）は肉眼でみえない微小な物体や微細な構造を観察する装置である．光学的なレンズを用いる光学顕微鏡と，電子線を用いる電子顕微鏡がある．

一般的な光学顕微鏡は生物顕微鏡ともよばれ，接眼レンズ，対物レンズ，光源，ステージなどからできている．接眼レンズと対物レンズの倍率を選択することで，さまざまな大きさの試料の観察が可能である．接眼レンズが双眼のものは，両眼の視野が1つになるようレンズ幅を調節する．試料はスライドガラスに調製してステージの上に載せ，粗動ハンドルでできるだけ対物レンズに近づけ，ステージを徐々に下げながら焦点を合わせる．対物レンズは低倍率のものから順に高倍率にして適切な倍率で観察する．細菌などの観察には油浸レンズを使用することがある．

倒立顕微鏡は，試料の下に対物レンズがあるので，厚みのあるシャーレやフラスコに入った細胞などを底面から観察することが可能である．

実体顕微鏡は倍率は高くないが，立体的に試料を観察することができ，また顕微鏡下での作業ができるので，植物組織から生長点を摘出する際などに利用される．

位相差顕微鏡は，試料を透過した光の位相のずれから試料を着色することなく観察することができる．この性質を利用して，培養細胞内構造などの観察が可能となる．

蛍光顕微鏡は，試料に紫外線を照射したときに発生する蛍光を観察する顕微鏡である．試料を蛍光色素で染色しておくと，特定の波長の光によってその蛍光色素が励起されて蛍光を発するので，それを観察する．細胞内小器官の観察や，蛍光ラベルした抗体を用いて特定のタンパク質の存在部位を調べる場合などに使われる．

電子顕微鏡は，可視光線よりきわめて波長の短い電子線を光源として，磁界型レンズを用いて試料を観察する．試料を超薄切片にしたり，あるいは薄膜の上に拡散させ，電子線を透過させて観察する透過型電子顕微鏡は，物質内部の構造を観察するのに適している．また，電子線のプローブを試料表面に順次走査して，それぞれの点から反射される二次電子線を検出する走査型電子顕微鏡は，物質表面の微細構造を観察するのに適している．

共焦点顕微鏡は一般にレーザー光を光源とし，試料の狭い領域に照射してその像を検出するが，その際検出器の前面にあるピンホールによって焦点の合っている像だけを検出するので，高い解像度とコントラストを得ることができる．レーザー光を試料に走査し，試料内の多数のスポットから得られたデータをコンピューター上で再構築することにより，試料の三次元的なイメージを得ることができる．これによって細胞内構造など厚みのある試料の観察も容易になるだけでなく，試料に損傷を与えないので，生物の機能解析研究な

どで重要な機器となっている．

E クリーンベンチ

　細胞培養実験や微生物培養実験において雑菌の汚染を防ぐために，実験を行う空間を無菌状態にすることが必要である．クリーンベンチは，外部から取り入れた空気をHEPAフィルターでろ過し，無菌状態にした空気を内部に吹き出して雑菌の混入を防ぐことのできる実験台である．通常，使用直前まで内部の紫外線ランプを点灯しておき，また消毒用アルコールなどを噴霧して無菌状態をつくる．

　実験台内部の空気をHEPAフィルターでろ過して供給する構造になっているものを安全キャビネットという（p.136参照）．

まとめ

❶ 分析機器

(1) 分光光度計

原理はランベルト・ベールの法則　$A = \varepsilon \cdot c \cdot l$

極大吸収波長：タンパク質（280 nm 付近），核酸（260 nm 付近）

(2) ガスクロマトグラフィー

移動相は気体．同一条件下では保持時間は物質によって固有の値．

検出器：熱伝導度検出器（TCD），水素炎イオン化検出器（FID）など

(3) 高速液体クロマトグラフィー（HPLC）

移動相は液体．分離に用いる原理により，分配クロマトグラフィー，吸着クロマトグラフィー，イオン交換クロマトグラフィー，ゲルクロマトグラフィー，アフィニティクロマトグラフィーなどの種類がある．

検出器：紫外・可視吸光検出器，蛍光検出器，電気伝導度検出器，示差屈折率検出器など

(4) 薄層クロマトグラフィー（TLC）

移動率 R_f 値を標準物質と比較する．

(5) 電気泳動法

アガロースゲル電気泳動：核酸や分子量の大きいタンパク質に利用．

ポリアクリルアミドゲル電気泳動：分子量の比較的小さい核酸やタンパク質の分離に利用．

SDS-ポリアクリルアミドゲル電気泳動（SDS-PAGE）：タンパク質の分子量の推定が可能．

二次元電気泳動法：多種類のタンパク質を同時に分離分析が可能．

パルスフィールド電気泳動法：分子量の非常に大きな DNA 分子の分離に利用．

キャピラリー電気泳動法：塩基配列の自動分析に応用．

❷ バイオテクノロジー実験機器

(1) 滅菌関連機器

高圧蒸気滅菌器（オートクレーブ）：高圧高温の飽和水蒸気により滅菌．

乾熱滅菌器：乾燥状態で加熱処理により滅菌．

(2) 遺伝子関連実験機器

サーマルサイクラー：PCR（ポリメラーゼ連鎖反応）を用いた DNA 増幅装置．

DNA シークエンサー：サンガー法を原理とする第 1 世代シークエンサーと，大量の試料を同時並列的に処理できる次世代シークエンサーがある．

(3) 細胞関連実験機器

炭酸ガスインキュベーター（CO_2 インキュベーター）

フローサイトメトリー：細胞の特性を解析し，分取する装置．セルソーターともいう．

細胞融合装置：直流高電圧パルスによる一過性の細胞膜破壊と修復によって細胞が融合．

③ 汎用機器

(1) pH メーター
(2) 電子天秤
(3) 遠心機：遠心力の大きさはローターの半径 r と角速度 ω の 2 乗に比例．
(4) 顕微鏡：光学顕微鏡，倒立顕微鏡，実体顕微鏡，位相差顕微鏡，蛍光顕微鏡，電子顕微鏡，共焦点顕微鏡など．
(5) クリーンベンチ：HEPA フィルターでろ過した空気を内部に供給する実験台．

索引

英文索引

A_{260}/A_{280}	150
BCIP	64
BOD	145
BS1, 2	133
cAMP	76
CAT	125
cccDNA	39, 43
CDGE	45
cDNA	4, 6, 63, 97
COD	145
cos	88
cpDNA	18
CpG	20
cSNP	25
CTAB	34
DAB	64
dATP	61
ddNTP	157
DNase	9, 36
dNTP	10
DTT	34
EDTA	29, 31
ELISA	126
EOG	138
FID	152
FISH	58
FITC	105
FRET	51, 128
GFP	128
gSNP	25
His-tag	88
HIV	19
HMT	25
HPLC	152
IPTG	30, 76
ISH	57
iSNP	25
LacZ	72
lac	76
LD_{50}	141
LINE	16
LMO	132
mRNA	16
NBT	64
ocDNA	43
ORF	22
pBR322	81
PBS	32
PCR	8, 45, 157
pUC18	84
pUC19	75
Q-PCR	50
R_f	154
RI	64, 140
RNase	10, 34
rSNP	25
RT-PCR	45, 48
SC	133
SDS	29, 155
SDS-PAGE	155
SINE	16
SNP	24
snRNA	16
SSC	32
sSNP	25
SYBR Green	31
TAE	32
TBE	32
TBS	32
TCD	152
T-DNA	80, 110
TE	31
TEMED	34
TGGE	45
TMB	64
T_m	2, 53
Triton-X100	29
tRNA	16
uSNP	25
X-gal	30

和文索引

あ行

iPS 細胞	124
アガロースゲル電気泳動	32, 43
アグロバクテリウム	110
アニーリング	46
アフィニティクロマトグラフィー	153
RNA 依存 DNA ポリメラーゼ	8
アルカリ法	38
アルカリホスファターゼ	12, 64
アルコール沈殿	36
アンピシリン	30
ES 細胞	123, 125
イオン交換クロマトグラフィー	153
鋳型 DNA	46
イソアミルアルコール	33
イソプロパノール	33
陰イオン性界面活性剤	29
in situ PCR	53
in situ ハイブリダイゼーション	57, 104
インスリン	107
インターカレーター	31, 41, 50
インデューサー	76
イントロン	5, 23
in vitro パッケージング	90
インフィルトレーション法	113
インフルエンザウイルス	19
ウイルス DNA	39
エイムス試験	141
エキソヌクレアーゼ	9
エキソン	5, 23
液体クロマトグラフィー	151
S1 ヌクレアーゼ	11
S1 マッピング	61
エタノール沈殿	32
エチジウムブロミド	41, 140
エチレンオキシドガス	138
エピジェネティクス	25
エレクトロポレーション	112, 157
塩化セシウム法	38
塩基配列決定法	44
遠心機	158
エンドヌクレアーゼ	7, 9
オートクレーブ	29, 137
オープンリーディングフレーム	22
オペロン	23
オリゴ (dT)	9, 40, 49
オリゴヌクレオチド	42

か行

回文配列	2
火炎滅菌	138
化学的酸素要求量	145

核酸供与体 ··· 133
核酸の定量 ··· 41
可視・紫外線吸収スペクトル法 ··············· 149
ガスクロマトグラフィー ····························· 151
ガス滅菌 ·· 138
カタボライト制御 ·· 76
カナマイシン ·· 30
可溶化 ··· 36
カラムクロマトグラフィー ························· 154
カラム法 ·· 38
過硫酸アンモニウム ······································· 34
カルタヘナ議定書 ·· 132
乾熱滅菌 ··· 137
間欠滅菌 ··· 137
γ線滅菌 ··· 139
キメラマウス ·· 123
逆転写酵素 ··· 4, 48
キャピラリー電気泳動法 ····················· 45, 156
吸収スペクトル ·· 149
吸着クロマトグラフィー ····························· 153
供与核酸 ··· 135
銀染色法 ··· 155
グアニジンイソチオシアネート ··················· 34
グアニン ··· 1
クエンチャー ·· 51
クーマシーブリリアントブルー ················· 155
組換え DNA 実験ガイドライン ················· 131
Klenow フラグメント ······································ 8
クローニングベクター ····························· 20, 67
クロマトグラフィー ···································· 151
クロラムフェニコール ··································· 30
クロロホルム ·· 33
蛍光共鳴エネルギー移動 ······················ 51, 128
蛍光検出器 ·· 154
蛍光顕微鏡 ·· 159
ゲノム ··· 12
ゲノム DNA ·· 35
ゲノムライブラリー ······································· 97
ゲルクロマトグラフィー ····························· 153
ゲル電気泳動法 ·· 42
原子吸光分析 ·· 151
顕微鏡 ··· 159
高圧蒸気滅菌 ·· 137
抗生物質 ·· 30, 70
抗生物質耐性遺伝子 ······································· 20
高速液体クロマトグラフィー ···················· 152
酵素抗体法 ·· 64
コスミド ·· 91
5′ 突出末端標識法 ·· 64
5′ 末端標識法 ·· 63
コード領域 ·· 13
コドン ··· 6
コールドスタート PCR ·································· 47
コロニー ·· 58
コロニーハイブリダイゼーション ··············· 58
コンピテントセル ·· 94

さ行

サイクルシークエンシング法 ······················· 61
サイズマーカー ·· 43
細胞融合 ··· 101
サイレンシング ·· 21
サザンブロットハイブリダイゼーション ··· 32, 44, 56, 125
サテライトコロニー ······································· 70
サーマルサイクラー ······························ 45, 156
サンガー法 ·· 59
3′ 末端標識法 ·· 63
ジエチルピロカーボネート ··························· 33
紫外・可視吸光検出器 ································ 154
紫外線 ··· 41

紫外線滅菌 ·· 139
シークエンサー ······································ 61, 157
シークエンシング ·· 44
ジゴキシゲニン ····································· 53, 105
GC 含量 ··· 53
シストロン ·· 23
ジデオキシヌクレオシド三リン酸 ··············· 60
ジデオキシ法 ·· 60
シトシン ·· 1
シーベルト ·· 140
シャトルベクター ·· 68
シャペロニン ·· 86
臭化エチジウム ·· 30
臭化ヘキサデシルトリメチルアンモニウム ··· 34
重金属 ·· 139
宿主 ··· 67
ショウジョウバエ ·· 121
消毒 ··· 137
植物等使用実験 ·· 133
ジーンターゲッティング ···························· 123
ステップダウン PCR ······································ 48
ステム・ループ構造 ·· 3
スニップ ·· 24
スプライシング ·· 5
スペーサー DNA 領域 ···································· 13
制限酵素 ·· 7
生物化学的酸素要求量 ································ 145
生物学的封じ込め ·· 131
赤外線吸収スペクトル法 ···························· 150
ゼブラフィッシュ ·· 121
セルフライゲーション ··························· 74, 82
センダイウイルス ·· 101
選択マーカー ·· 20, 69
セントロメア ·· 14
相同性 ·· 54

た行

ダイターミネーター ······································· 61
耐熱性 DNA ポリメラーゼ ···························· 45
タッチダウン PCR ··· 48
脱リン酸化 ·· 63
単回投与毒性試験 ·· 141
短鎖散在因子 ·· 16
チミン ··· 1
中間ベクター ·· 81
長鎖散在因子 ·· 16
ツーステップ RT-PCR ··································· 49
ツーハイブリッド法 ···································· 126
DEAE デキストラン法 ································ 116
DEPC 処理水 ·· 33
DNA 依存 DNA ポリメラーゼ ······················· 8
DNA トランスポゾン ···································· 15
DNA の変性 ··· 2
DNA 分解酵素 ·· 36
DNA メチルトランスフェラーゼ ················ 21
DNA リガーゼ ·· 11
定量 PCR ··· 50
定量 RT-PCR ··· 52
デオキシヌクレオシド三リン酸 ··················· 46
デオキシリボース ·· 1
デオキシリボ核酸 ·· 1
テトラサイクリン ·· 30
de novo 回路 ··· 102
テロメア ·· 14
テロメラーゼ ·· 14
電気泳動 ··· 155
電子顕微鏡 ·· 159
テンペレートファージ ·································· 75
透過率 ··· 149
動物使用実験 ·· 133

特定認定宿主ベクター系	133
トランスジェニックマウス	122
トランスフェクション	115
トランスポゼース	79
トランスポゾン	79
トリス	29

な行

ナンセンス変異	93
二次元電気泳動法	155
ニックトランスレーション	9, 62
ニトロソグアニジン	140
認識部位	7
認定宿主ベクター系	133
ヌクリエーション	55
ヌクレアーゼ	29
ネステッド PCR	48
粘着末端	7
ノーザンブロッティング	9
ノーザンブロットハイブリダイゼーション	44, 57, 125

は行

パーティクルガン法	112
バイオハザード	134
胚性幹細胞	125
バイナリーベクター	110
ハイブリダイゼーション	51, 54
ハイブリドーマ	104
パイロシークエンシング	62
薄層クロマトグラフィー	151
バクテリオファージ	67, 88
発がん性試験	141
発現ベクター	67
HAT 培地	102
パリンドローム	2
パルスフィールドゲル電気泳動法	44, 155
反復 DNA 領域	13
反復投与毒性試験	141
非 RI 標識	64
非イオン性界面活性剤	29
非コード領域	12
ヒストンメチルトランスフェラーゼ	25
微生物使用実験	133
非放射性標識	105
標識プライマー	61
標識プローブ	56
ビルレントファージ	75
ファージ	19
ファージ DNA	37
ファージミド	92
フェノール	33, 36
複製開始点	20
複製起点	68
ブタノール濃縮	37
付着末端	88
物理的封じ込め	131
プラーク	38, 58
プラークハイブリダイゼーション	58
プライマー	9
プライマー伸長法	64
プラスミド	20, 67, 81
プラスミド DNA	38
フルオレセインイソチオシアネート	58, 105
ブルーホワイトスクリーニング	30
プレート・ライセート法	38
フレーバーセーバー	113
フローサイトメトリー	157
ブロッキング	56
プロテアーゼ	86
プロトプラスト	102
プローブ	51
不和合性	69
分光光度計	42
分子ふるい	155
分配クロマトグラフィー	153
平滑末端	7
ベクター	67
ベクレル	140
β-ガラクトシダーゼ	72
β-メルカプトエタノール	34
β-ラクタマーゼ	71
ペーパークロマトグラフィー	154
ペルオキシダーゼ	64
変異育種	106
変性	36
変性剤濃度勾配ゲル電気泳動法	45
ボイリング法	38
放射性同位元素	140
放射線滅菌	139
保持時間	151
ホットスタート PCR	48
ポリ(A)RNA	40
ポリアクリルアミドゲル	155
ポリアクリルアミドゲル電気泳動	32, 44
ポリエチレングリコール	101
ポリガラクツロナーゼ	113
ポリシストロン転写	23
ポリヒスチジンタグ	88
ホルムアミド	55
ホルムアルデヒド	138

ま行

マイクロインジェクション	116, 122
マイクロマニュピュレーター	117
マキサム・ギルバート法	59
末端標識法	62
マルチクローニングサイト	68, 75
マルチプレックス解析	52
ミエローマ	104
ミトコンドリア DNA	18
滅菌	137
メンブレン・フィルター	138
モノクローナル抗体	104
モノシストロン転写	24
モル吸光係数	150

や・ら・わ行

薬剤耐性	30
有機溶剤	139
葉緑体 DNA	18
ライゲーション	12
ラクターゼ	70
ラクトースオペロン	30
λ ファージ	88
ランダムプライマー法	62
ランベルト・ベールの法則	149
リアルタイム PCR	31, 50
リーフディスク法	111
リボヌクレアーゼ	41
リポフェクション法	116
リボプローブ法	62
硫酸デキストラン	56
リン酸カルシウム法	115
レトロウイルス	19, 117
レトロトランスポゾン	15
レプリコン	68
レポータージーン	70, 127
ろ過滅菌	138
YAC ベクター	92
ワンステップ RT-PCR	49

著者紹介

村山　洋
1989年　麻布大学大学院獣医学研究科 獣医学専攻博士課程修了（獣医学博士）
現　在　麻布大学生命・環境科学部 臨床検査技術学科准教授

安齋　寛
1984年　東北大学大学院農学研究科 農芸化学専攻単位取得満期退学（農学博士）
現　在　日本大学生物資源科学部 くらしの生物学科教授
　　　　NPO法人日本バイオ技術教育学会理事長

大須賀久美子
1978年　大阪大学大学院理学研究科 生理学専攻博士前期課程修了（理学修士）
現　在　滋慶医療科学大学大学院大学事務部長

飯田泰広
2000年　東京農工大学大学院工学研究科 物質生物工学専攻博士課程修了（博士（工学））
現　在　神奈川工科大学応用バイオ科学部 応用バイオ科学科教授

山村　晃
1999年　北陸先端科学技術大学大学院 材料科学研究科機能性材料専攻博士課程修了（博士（材料科学））
現　在　神奈川工科大学応用バイオ科学部 応用バイオ科学科准教授

NDC464　175p　26cm

新バイオテクノロジーテキストシリーズ
遺伝子工学　第2版

2013年11月 1日　第 1刷発行
2023年 3月24日　第11刷発行

監　修　NPO法人日本バイオ技術教育学会
著　者　村山　洋・安齋　寛・大須賀久美子・飯田泰広・山村　晃
発行者　髙橋明男
発行所　株式会社　講談社
　　　　〒112-8001　東京都文京区音羽2-12-21
　　　　　販売　(03) 5395-4415
　　　　　業務　(03) 5395-3615
編　集　株式会社　講談社サイエンティフィク
　　　　代表　堀越俊一
　　　　〒162-0825　東京都新宿区神楽坂2-14　ノービィビル
　　　　　編集　(03) 3235-3701
DTP　　株式会社エヌ・オフィス
印刷所　株式会社平河工業社
製本所　株式会社国宝社

落丁本・乱丁本は，購入書店名を明記のうえ，講談社業務宛にお送りください．送料小社負担にてお取替えいたします．なお，この本の内容についてのお問い合わせは，講談社サイエンティフィク宛にお願いいたします．定価はカバーに表示してあります．

© O. Murayama, H. Anzai, K. Ohsuka, Y. Iida and A. Yamamura, 2013

本書のコピー，スキャン，デジタル化等の無断複製は著作権法上での例外を除き禁じられています．本書を代行業者等の第三者に依頼してスキャンやデジタル化することはたとえ個人や家庭内の利用でも著作権法違反です．

JCOPY　〈(社)出版者著作権管理機構　委託出版物〉
複写される場合は，その都度事前に(社)出版者著作権管理機構（電話 03-5244-5088, FAX 03-5244-5089, e-mail: info@jcopy.or.jp）の許諾を得てください．

Printed in Japan
ISBN 978-4-06-156354-4